家藏文库

历代修身格言集萃

徐正英　张阳　编著

中州古籍出版社
·郑州·

图书在版编目（CIP）数据

历代修身格言集萃 / 徐正英，张阳编著 . —郑州：中州古籍出版社，2023. 11
ISBN 978-7-5738-1011-3
（家藏文库）
Ⅰ.①历… Ⅱ.①徐…②张… Ⅲ.①道德修养－格言－汇编－中国 Ⅳ.① B825

中国国家版本馆 CIP 数据核字（2023）第 212637 号

JIACANG WENKU:LIDAI XIUSHEN GEYAN JICUI

家藏文库：历代修身格言集萃

选题策划	卢欣欣　王士松
约稿统筹	卢欣欣
责任编辑	王士松
责任校对	苏晓园
美术编辑	王　歌
版式设计	曾晶晶

出 版 社	中州古籍出版社（地址：郑州市郑东新区祥盛街 27 号 6 层　邮编：450016　电话：0371-65723280）
发行单位	河南省新华书店发行集团有限公司
承印单位	河南新华印刷集团有限公司
开　　本	640 mm × 960 mm　1/16
印　　张	25.5
字　　数	336 千字
版　　次	2023 年 11 月第 1 版
印　　次	2024 年 6 月第 1 次印刷
定　　价	76.00 元

本书如有印装质量问题，请联系出版社调换。

序

国学泱泱,国史煌煌,中华传统文化的修身处世之道,散见于汗牛充栋的经史子集之中,经几千年悠悠岁月涤荡沉淀,历久弥新;至理哲思深邃绵长,馨香弥布,氤氲着九州大地;岁月沧桑,英才济济,辉耀乾坤。制度自信、道路自信、理论自信的根本是文化自信,博大精深的中华文化熔铸为中华民族最深层的精神基因,不仅是对人类文明进步所做的巨大贡献,也是中华民族生生不息的原动力,更是今天十几亿华夏子孙自强奋进的灵魂支撑。

近年来,"富强,民主,文明,和谐;自由,平等,公正,法治;爱国,敬业,诚信,友善"的社会主义核心价值观,正分别从国家、社会、个人三个层面引领着新时期的社会风尚,强劲助推着民族伟大复兴梦想的早日实现。纵观历史,"上有所好,下必甚焉",执政者是社会的典范;"风行草偃""不令而行"是先圣们推崇的治国理念。正是在这个意义上,习近平总书记强调"广大党员干部必须带头学习和弘扬社会主义核心价值观,用自己的模范行为和高尚人格感召群众、带动群众","做到春风化雨,润物无声",使社会主义核心价值观内化于心,外化于行;同时,又强调培育和践行社会主义核心价值观是"全社会的共同责任","坚持以人为本,尊重人民主体地位"是其重要原则。这就要求我们每一个人都应该自觉地承担起这份共同责任,用优秀的精神文化去丰富头脑,净化灵魂，树立信仰。对新时期的先进文化思想而言，优秀的传统文化是根基，是命脉，更是源泉。中华传统文化中，"天下兴亡，匹夫有责"的家国情怀，民为邦本的民本思想，自强不息、厚德载物的精神境界等，无一不契合着时代要求；优秀传统文化中丰富的哲学思想、人文精神、道德理念等，是中华民族最宝贵的精神财富，对当代亟待解决的诸多社会问题都有着重要的启示意义。

"不忘本来才能开辟未来，善于继承才能更好创新"，我们必须从传统文化中取其精华，去其糟粕，扬弃地予以继承；坚持古为今用，推陈出新，对传统文化进行创造性转化、创新性发展，赋予其新的时代内涵和现代表达方式，激活其生命力；"用社会主义核心价值观凝魂聚力"，不断夯实中国特色社会主义事业的思想道德基础，为中国特色社会主义事业提供源源不断的精神动力。《礼记·大学》强调"修身"是"齐家""治国""平天下"的基础，"自天子以至于庶人，壹是皆以修身为本"，这正与我们社会主义核心价值观的国家、社会、个人三个层面的要求相协对应。故而，中州古籍出版社策划的这部《历代修身格言集萃》，正是为适应时代与社会之需而做出的智慧选题，虽不敢说是功在当代、利在千秋的盛举，但能够想到利用灵活形式弘扬优秀传统文化，滋养人们的精神，就足以体现他们强烈的社会责任感和前卫意识了。

本书致力于从浩瀚的古代典籍中撷取精粹，依次以仁德、节义、礼敬、廉孝、诚信、志学、律正、宽让、谦和、勤俭十个主题来归纳整理。每个主题各成一编，各编之间相辅相成而又逐次递进，构成内在精神一致的文本有机整体，以期得见优秀传统文化之一斑。十大主题又分为二十个篇目作具体阐释，有仁者爱人、德从心修、守节不移、舍生取义、礼尚往来、恭而敬之、清廉自守、入孝出悌、至诚如神、无信不立、有志竟成、笃志好学、严以律己、正身直行、宽以待人、礼让为人、谦虚谨慎、和而不同、业精于勤、俭以养德二十项内容。依各主题搜罗的历代至理名言，展现传统文化中优秀的思想元素，涉及以仁德为核心的修身、齐家、处世、立志、学习、理政、治国、平天下各个层面和方面，体现了古圣先贤对家国、社会、人生、自然的多重思考，阐述了一系列行为准则，表现出传统文化中自省慎独、修身体悟、改过迁善等提升人格素养的鲜明特点，更体现出中华民族知行合一、笃志力行的道德追求方式，为当今我们的精神文明和道德规范建设提供有益参考资料。

自古以来，人格修养名言警句层出不穷，早期散见于经、史、子、集各类书籍中，纷繁浩渺、博大庞杂，并不集中。唐宋以降，训诲劝诫的摘录汇编性文献开始涌现，如林逋的《省心录》等。到了明清两代，学者们普遍有意识地搜集前代格言警句，收录各类箴言的书籍不胜枚举，如佚名的《增广贤文》、洪应明的《菜根谭》、王永彬的《围炉夜话》等广为流传。此外，还有家学传统深厚的治家、传家格言等。此次精选亦是博采众家。编选者秉持"经典""准确""精辟"的择取标准，摒弃晦涩、庸赘或不合时宜之文，尤重含蕴深厚而又便于诵读的文字，力求用浅显通俗而又不乏学理的语言再行传播于大众。

编选体例上，每个主题又分两卷，如"仁德"编，第一卷为"仁"，第二卷为"德"，两卷合用一序，梳理各主题在精神道德领域的发展脉络，并总结其重要的思想意义和历史影响；各卷名言均依历史时期划分为"先秦两汉篇""魏晋南北朝篇""隋唐五代宋辽金篇""元明清篇"四个时段，以示醒目，并利于读者纵向了解各主题名言的发展演变轨迹。原文遴选遵循雷同名言取出处较早或较为经典者的原则，尽量不做重复选录（所选名言以体现主题思想内核为主，不一定明确出现主题字）；同一名言字词略有出入者取其最为通行的版本；各条名言以所在文献或作者的时间先后为序录入，同一典籍中采录的名言以其在原书中出现的先后为序。对一般读者不大熟悉的作者或文献出处等加以简要说明；注释力求简洁、精准而浅显，个别字面不易把握深层内涵的词，适当延伸说明在该文中的言外之意；较难认识的字或多音字予以注音；格言汇集类书籍（多明清之际）所录格言或为个人语录，或为传世哲言，或化用前代名言又加以自创，本书特对此类书籍的作者、著作性质等加以注释。译文以"信"和"达"为原则，尽量做到直译，争取原文每字有着落，而又通俗明了；个别字面不易理解的段落，则采用意译的方式疏通大意；行文有内在意蕴者，译文之后再加括号揭示寓意；历代对原意体认有争议者，取认可度较高的一种说法，两种理解都比较通行的，则两种译文并存，以供读者选用。

本书选录的毕竟是清朝及其以前的言论，人性光辉中杂有过时观念在所难免，我们无法苛求古人，相信读者会以历史的和辩证的眼光予以取舍。唯愿本书能为继承优秀文化传统、弘扬时代精神、传播正能量尽绵薄之力，若能有此效果，当不胜欣慰。

需要特别说明的是，该书虽属普及读物，但编著者是将其当成严谨学术来做的，丝毫不敢马虎。断断续续，历时六年，和我的博士生张阳八易其稿方得成书（张阳已从刚入学的博士生成了一名在"双一流"大学执教两年的人民教师），就是为了做到精益求精，力图打造一部雅俗共赏、普及与学术并重的化心精品（编译过程中自己也时时被传统至理名言所感染、浸润和教育）。为适应不同的读者群，各条译文尽量浅显易懂，以服务于普通读者；各编序文则释名彰义、追本溯源，多从甲骨文、金文的字形隶定做起，以服务于专业研究者；注释所涉重要文献知识点，则不避其详，甚至各编之间不避重复介绍之，以服务于欲拓展知识空间者，使不同层次的阅读群体各取所需。然而，浩瀚书海，难以穷竟，限于学养和能力，编选内容不免挂一漏万，具体条目裁剪、归类也未必尽当，错释谬译又或有之，问题全由我一人负责。期待读者不吝赐教，容日后完善。

任务分工：共同策划体例，张阳搜集录入资料并拟初稿，徐正英增补修改定稿。

徐正英于中国人民大学人文楼三知斋
2016年8月20日初稿
2021年五一国际劳动节修订

目 录

第一章 仁德 ··· 1
一、"仁" —— 仁者爱人 ·· 4
（一）先秦两汉篇/4

（二）魏晋南北朝篇/16

（三）隋唐五代宋辽金篇/16

（四）元明清篇/18

二、"德" —— 德从心修 ·· 19
（一）先秦两汉篇/19

（二）魏晋南北朝篇/29

（三）隋唐五代宋辽金篇/30

（四）元明清篇/31

第二章 节义 ··· 34
一、"节" —— 守节不移 ·· 36
（一）先秦两汉篇/36

（二）魏晋南北朝篇/41

（三）隋唐五代宋辽金篇/42

（四）元明清篇/49

二、"义"——舍生取义 ················· 52
　　（一）先秦两汉篇/52
　　（二）魏晋南北朝篇/66
　　（三）隋唐五代宋辽金篇/67
　　（四）元明清篇/69

第三章　礼敬 ················· 72

一、"礼"——礼尚往来 ················· 74
　　（一）先秦两汉篇/74
　　（二）魏晋南北朝篇/93
　　（三）隋唐五代宋辽金篇/94
　　（四）元明清篇/95

二、"敬"——恭而敬之 ················· 97
　　（一）先秦两汉篇/97
　　（二）魏晋南北朝篇/106
　　（三）隋唐五代宋辽金篇/108
　　（四）元明清篇/109

第四章　廉孝 ················· 111

一、"廉"——清廉自守 ················· 114
　　（一）先秦两汉篇/114
　　（二）魏晋南北朝篇/120
　　（三）隋唐五代宋辽金篇/121
　　（四）元明清篇/128

二、"孝"——入孝出悌 135
  （一）先秦两汉篇/135
  （二）魏晋南北朝篇/151
  （三）隋唐五代宋辽金篇/152
  （四）元明清篇/155

第五章　诚信 161

一、"诚"——至诚如神 163
  （一）先秦两汉篇/163
  （二）魏晋南北朝篇/171
  （三）隋唐五代宋辽金篇/171
  （四）元明清篇/176

二、"信"——无信不立 181
  （一）先秦两汉篇/181
  （二）魏晋南北朝篇/189
  （三）隋唐五代宋辽金篇/190
  （四）元明清篇/194

第六章　志学 197

一、"志"——有志竟成 201
  （一）先秦两汉篇/201
  （二）魏晋南北朝篇/209
  （三）隋唐五代宋辽金篇/212
  （四）元明清篇/218

二、"学"——笃志好学 222
  （一）先秦两汉篇/222

（二）魏晋南北朝篇/239

（三）隋唐五代宋辽金篇/240

（四）元明清篇/245

第七章　律正 ········· 249

一、"律"——严以律己 ········· 252

（一）先秦两汉篇/252

（二）魏晋南北朝篇/259

（三）隋唐五代宋辽金篇/260

（四）元明清篇/265

二、"正"——正身直行 ········· 270

（一）先秦两汉篇/270

（二）魏晋南北朝篇/277

（三）隋唐五代宋辽金篇/278

（四）元明清篇/281

第八章　宽让 ········· 283

一、"宽"——宽以待人 ········· 285

（一）先秦两汉篇/285

（二）魏晋南北朝篇/290

（三）隋唐五代宋辽金篇/291

（四）元明清篇/295

二、"让"——礼让为人 ········· 303

（一）先秦两汉篇/303

（二）魏晋南北朝篇/307

（三）隋唐五代宋辽金篇/308

（四）元明清篇/311

第九章　谦和 ... 317

一、"谦"——谦虚谨慎 ... 319
　　（一）先秦两汉篇/319
　　（二）魏晋南北朝篇/332
　　（三）隋唐五代宋辽金篇/334
　　（四）元明清篇/337

二、"和"——和而不同 ... 344
　　（一）先秦两汉篇/344
　　（二）魏晋南北朝篇/350
　　（三）隋唐五代宋辽金篇/351
　　（四）元明清篇/353

第十章　勤俭 ... 356

一、"勤"——业精于勤 ... 360
　　（一）先秦两汉篇/360
　　（二）魏晋南北朝篇/362
　　（三）隋唐五代宋辽金篇/363
　　（四）元明清篇/366

二、"俭"——俭以养德 ... 369
　　（一）先秦两汉篇/369
　　（二）魏晋南北朝篇/375
　　（三）隋唐五代宋辽金篇/377
　　（四）元明清篇/384

第一章 仁 德

汉字的意义往往同它的字形结构有密切关系，作为会意字的"仁""德"二字皆是如此。考察"仁"字的初始意义，许慎《说文解字》云："仁，亲也。从人从二。忎，古文仁从千、心。𡰥，古文仁或从尸。"按许慎的说法，"仁"有三种解释：一是"仁"，由"人""二"会意。五代宋初徐铉注释"仁者兼爱"，即亲爱、爱人，故从二。二是古文"忎（仁）"，由"千""心"会意。清人徐灏在《说文解字注笺》中说，千心为仁，即取博爱之意。三是古文"𡰥"，"仁"的或体，从尸。同是清人的王筠在《说文解字句读》中说，"尸"仍是人。由此可见，无论字形如何变化，"仁"字"爱人"的基本意义并没有变。事实上，早在孔子之前便有了"仁"的观念，春秋之际的人们一般把仪文美德、尊亲敬长、爱及民众等都称为"仁"。如《诗经·郑风·叔于田》"洵美且仁"、《诗经·齐风·卢令》"其人美且仁"，其中的"仁"皆指仪文美德；《国语·晋语一》"为仁者，爱亲之谓仁"中的"仁"指尊亲敬长；《国语·晋语二》中申生拒绝逃亡时说的"仁不怨君""逃死而怨君，不仁"，"仁"为忠君之义。此外，"仁"还有如《国语·晋语一》"利国之谓仁"的民众利益之义等。"仁"的观念虽早已存在，但直到孔子由"克己复礼为仁""仁者爱人""仁者人也"到"杀身以成仁",逐渐形成了以"仁"为核心的伦理思想体系,"仁"才作为一种最高的伦理原则、道德标准和人格境界而存在。具体而言,孔子以"仁"为核心的伦理思想体系大致分为三个层面:一是内修层面,就是"克己复礼",内修中又分被动和主动两个层面,低层面的被动内修为"己所不欲,勿施于人";高层面的主动内修为"己欲立而立人,己欲达而达人"。二是外化层面,就是"仁者爱人",也就是说不管谁多么贫贱,只要他是一个人,就有被爱的权利;不管谁多么富贵,只要你是一个人,就有爱别人的义务。三是哲学层面,乃为"仁者人也",里面从低到高又有三重含义:一重是作为一个人,就自然具备人的动物性,吃喝拉撒,生儿育女,生老病死;二重是作为一个生活在社会中的人,也自然具备社会性,就需要同时扮演好多重社会角色,既是父母,又是子女,既是国民,又是某种职业的从业者,那么就要同时承担起父母、子女、国民、职业等多重社会责任;三重是既然作为一个人而不是一般动物,其本质就在于具备道德性,就有义务"安仁",必要时就应该做到"有杀身以成仁",而"无求生以害仁"。因此,我们知道了"仁"是中国古代一种含义极广的道德范畴,因为儒家的发展而成为中国古代重要的道德标准、人格境界及哲学概念。

"德"字《说文解字》解作"升也。从彳(chì)㥁(dé)声"。从"彳",表示与行走有关。所谓"升",即登高义,如《周易·升》"《象》曰:地中生木,升。君子以顺德,积小以高大"。由此可以看出,登高之义距离我们今天所理解的道德义相去甚远。其实,《说文解字》是汉代人的理解,其解释未必是"德"字的原始意义。关于"德"的字义发展,我们或许能从"德"的字形演变过程中略窥一斑。

"德"的甲骨文字形从行直声或从彳直声（先秦时，"悳""直"音近），写作"⟨甲2304⟩"或"⟨戬39.7⟩"。"行"本是道路，引申有走路义，"彳"为"行"的省形，义同。另半边则是一只眼睛，且眼睛之上有一笔垂直而下，表示目光直视。"行（彳）""直"相合，即指行路直视向前，有遵行正道之意。金文"德"字有的从彳（或从辵，辵义同）直声，有的则于"直"下加了个"心"，如"⟨集成4341⟩""⟨集成239⟩""⟨集成2841⟩"等，内心正直者会顺道而行。战国简文的"德"字基本沿袭了金文构形，只有"悳"字略有变化。可以发现，金文的"德"字已有道德、规范之义了。西周"礼乐文明"时期，"德"是核心，敬天、保民、明德、慎罚是周人的基本信仰。周人认为"皇天无亲，惟德是辅"，"德"是和"天"联系在一起的，个人、家族、国家有德，便能得到上天的垂顾，成为"受命"之人、"受命"之族、"受命"之国。周人认为殷之所以灭亡，是因为无德，天命转移到了有德的周人身上。《周易·乾》"君子进德修业"，《周易·坤》"地势坤，君子以厚德载物"，"德"是涵盖了诚信、仁义等一切美好品行的道德范畴。从孔子的"道（导）之以德，齐之以礼，有耻且格"的王道原则，到《礼记·大学》中"大学之道，在明明德，在亲民，在止于至善"的道德纲领，"德"逐渐成为中国伦理的核心概念，成为中华民族传统文化的核心价值观。

作为美好的品质，"仁德"二字常常并举，指致利除害、爱人无私的崇高品德，如《逸周书·大聚》"生无乏用，死无传尸，此谓仁德"，《淮南子·缪称训》"善之由我，与其由人，若仁德盛者也"。仁爱好德，无论在古代还是现当代，都有着非常重要的现实意义和社会价值，与其说它是一种道德标准，不如说是一种利人利己的明智选择。

一、"仁"——仁者爱人

（一）先秦两汉篇

1. 除去天下之害，谓之仁。仁与信，和与道，帝王之器。——旧题 周·鬻熊《鬻子·道符五帝三王传政甲第五》

【说明】

鬻（yù）熊，芈（mǐ）姓，名熊，又称鬻熊子、鬻子。商末周初之人，祝融火正陆终后裔，楚国的先祖。《汉书·艺文志》道家著录《鬻子》二十二篇、小说家著录《鬻子说》十九篇。其书亡佚，今存辑佚本。后人多疑《鬻子》为假托之作。

【浅译】

消除天下人的祸患，称为仁爱。仁爱与诚信，和谐与道义，都是帝王的法宝。

2. 仁者见之谓之仁，知者见之谓之知。——《周易·系辞上》

【说明】

此为成语"仁者见仁，智者见智"的出处。

【注释】

仁者：有仁爱之心的人。知（zhì）者："知"同"智"。有智谋或智慧的人。

【浅译】

有仁爱之心的人看它（指宇宙变化的总规律——道），认为它是符合仁爱的；有智慧的人看它，认为它是智慧的。（比喻相同的问题，不同的人从不同的角度去看，得到的答案也不相同。）

3. 文王问太公曰："何如而可为天下？"太公曰："大盖天

下，然后能容天下；信盖天下，然后能约天下；仁盖天下，然后能怀天下；恩盖天下，然后能保天下；权盖天下，然后能不失天下；事而不疑，则天运不能移，时变不能迁。此六者备，然后可以为天下政。"——旧题 周·姜尚《六韬·武韬·顺启》

【注释】

文王：周文王，姬昌，周朝奠基者。太公：即姜太公姜子牙，姜姓，吕氏，名尚，字子牙，号飞熊。杰出的政治家、军事家，周朝开国元勋。曾先后辅佐周文王、周武王取得天下。大盖天下：指器量包容天下。大，器量、度量。盖，包容，覆盖。 约：约束、掌控。 怀：使心归附，赢得。《六韬》又称《太公六韬》《太公兵法》，全书以太公与文王、武王对话的方式编成，后人多疑为假托之作。

【浅译】

周文王问姜太公说："怎样才能治理天下？"太公说："度量之大足以涵盖天下，然后才能包容天下；诚信足以遍及天下，然后才能掌控天下；仁德足以覆盖天下，然后才能使人心归附赢得天下；恩泽足以惠及天下，然后才能保住天下；权威足以倾覆天下，然后才能不失去天下；遇事当机立断而不犹豫，则天道运数、时事变化都不能改变它。这六个条件都具备了，然后才可以治理好天下。"

4. 君子务本，本立而道生。孝弟也者，其为仁之本与！——《论语·学而》

【注释】

弟（tì）：同"悌"，弟弟敬重兄长。

【浅译】

君子专心致力于根本的建设，根本建立了，道德就会随之产生。孝顺父母，友爱兄弟，这是仁的根本啊！

5.巧言令色，鲜矣仁。——《论语·学而》

【注释】

令：美好。鲜（xiǎn）矣仁：即"鲜仁矣"，倒装加强语气。鲜，少。

【浅译】

花言巧语，虚情假意地讨好脸色，（这样的人一定）缺少仁德。

6.子曰："里仁为美，择不处仁，焉得知？"——《论语·里仁》

【注释】

里：用作动词，居住。处：住处。知（zhì）：同"智"，明智。

【浅译】

孔子说："居住在有仁德之人的地方才是好的，选择住处，不住在有仁德之人的地方，那怎么能说是明智呢？"

7.子曰："不仁者不可以久处约，不可以长处乐。仁者安仁，知者利仁。"——《论语·里仁》

【注释】

约：穷困、困窘。知（zhì）者："知"同"智"。有智谋或智慧的人。利：顺从，有利于。

【浅译】

孔子说："没有仁德的人不能长久地处于穷困中，也不能长久地处于安乐中。仁德的人安于仁道，有智慧的人则顺从仁道。"

8.子曰："唯仁者能好人，能恶人。"——《论语·里仁》

【浅译】

孔子说:"只有有仁德的人才能够正确地去喜爱人,或正确地去厌恶人。"

9. 子曰:"苟志于仁矣,无恶也。"——《论语·里仁》

【浅译】

孔子说:"假如有志于求仁,就没有恶行被人厌恶了。"

10. 君子去仁,恶乎成名?君子无终食之间违仁,造次必于是,颠沛必于是。——《论语·里仁》

【注释】

去:离开,引申为抛弃。恶(wū)乎:即"于何处",意为怎样、怎么能。

【浅译】

君子如果抛弃了仁德,又怎么能成就他君子的名声呢?君子没有一顿饭的时间是背离仁德的,匆忙仓促的时候是这样,颠沛奔波的时候也是这样。

11. 子曰:"我未见好仁者,恶不仁者。好仁者,无以尚之;恶不仁者,其为仁矣,不使不仁者加乎其身。有能一日用其力于仁矣乎?我未见力不足者。盖有之矣,我未之见也。"——《论语·里仁》

【浅译】

孔子说:"我没有见过爱好仁德的人,也没有见过厌恶不仁德的人。爱好仁德的人,是再好不过的了;厌恶不仁德的人,他实行仁德的目的,只是不想让不仁德的东西沾染到自己身上罢了。有谁肯花一天工夫把自己的力量用在仁德上呢?我还没有见过力量不够的。大概有这样的人，但我没有见过。"

12.夫仁者，己欲立而立人，己欲达而达人。——《论语·雍也》

【注释】

立：站立。达：发达，显贵。

【浅译】

仁爱的人，自己想要站得住，也要让别人站得住；自己想要行得通，也要让别人行得通。

13.子曰："知者乐水，仁者乐山。知者动，仁者静。知者乐，仁者寿。"——《论语·雍也》

【注释】

知（zhì）：同"智"，智慧。动：这里指变通。

【浅译】

孔子说："智慧的人喜好水，仁爱的人喜好山（或译智者之乐就像流水一样，阅尽世间万物，悠然、淡泊；仁者之乐就像大山一样，岿然矗立、崇高深厚）。智慧的人懂得变通，仁爱的人心境平和。智慧的人快乐，仁爱的人长寿。"

14. 曾子曰："士不可以不弘毅，任重而道远。仁以为己任，不亦重乎？死而后已，不亦远乎？"——《论语·泰伯》

【注释】

曾子：名参，字子舆，孔子弟子。春秋末期鲁国人。以孝著称，著作有《大学》等。弘：大也。一说"强"义。毅：坚强果断。

【浅译】

曾子说："读书人不可以不抱负远大而坚强果断，因为他责任重大，道路遥远。把实现仁德作为自己的责任，不也是很重大吗？奋斗到死才停止，这路途不也是很遥远吗？"

15. 子曰："知者不惑，仁者不忧，勇者不惧。"——《论语·子罕》

【注释】

知（zhì）：同"智"，智慧。

【浅译】

孔子说："智慧的人不迷惑，仁爱的人不会忧愁，勇敢的人没有什么畏惧的。"

16. 颜渊问仁。子曰："克己复礼为仁。一日克己复礼，天下归仁焉。为仁由己，而由人乎哉？"曰："请问其目。"子曰："非礼勿视，非礼勿听，非礼勿言，非礼勿动。"颜渊曰："回虽不敏，请事斯语矣。"——《论语·颜渊》

【注释】

颜渊：名回，字子渊，又称颜渊、颜子，春秋时期鲁国人。颜渊是孔子最得意的弟子，孔子赞其好学、仁人。克己复礼：克制自己，使言行符合礼。这里的"复"用的当是其本义"返回"，故解为"符合"。归仁：归仁于你，即称赞你是仁人。目：具体内容。事：实行，实践。

【浅译】

颜渊问什么是仁。孔子说："努力约束自己，使自己的行为符合礼，这就是仁。一旦这样做了，天下的人都会称许你是仁人。做到仁是要靠自己去努力的，难道要靠别人吗？"颜渊又问："那么具体应当如何去做呢？"孔子说："不符合礼的不看，不符合礼的不听，不符合礼的不说，不符合礼的不做。"颜渊听后对老师说："我虽然不聪明，但愿意按照这些话去做。"

17.仲弓问仁。子曰:"出门如见大宾,使民如承大祭。己所不欲,勿施于人。在邦无怨,在家无怨。"仲弓曰:"雍虽不敏,请事斯语矣。"——《论语·颜渊》

【浅译】

仲弓问怎么做才是仁。孔子说:"出门与人相见像接待贵宾一样恭敬,役使百姓像承担重大祭祀任务一样慎重。自己不喜欢做的事不要强加给别人去做。在朝堂上没有牢骚,在家中私下也没有牢骚。"仲弓说:"我虽然不聪明,但愿意按照这些话去做。"

18.曾子曰:"君子以文会友,以友辅仁。"——《论语·颜渊》

【浅译】

曾子说:"君子以文章学问来结交会聚朋友,然后通过朋友的影响来帮助自己培养仁德。"

19.子曰:"有德者必有言,有言者不必有德。仁者必有勇,勇者不必有仁。"——《论语·宪问》

【浅译】

孔子说:"有德行的人一定有善言,有善言的人不一定有德行。有仁爱之心的人一定有勇气,勇敢的人不一定有仁爱之心。"

20.子曰:"当仁,不让于师。"——《论语·卫灵公》

【浅译】

孔子说:"面对仁德,即使是老师,也不必同他谦让。"

21.故曰:所谓天下之至仁者,能合天下之至亲也;所谓天下之至明者,能举天下之至贤者也。——《孔子家语·王言解》

【说明】

《孔子家语》最早见录于《汉书·艺文志》，排在《论语》之后。但其书早佚，今传本为三国魏王肃的注本，历史上多疑之为伪书。近代出土材料证明《孔子家语》非伪，庞朴先生更是从思想比较的层面上认定其"确系孟子以前遗物"。孔安国序确认其为"当时公卿士大夫及七十二弟子所咨访交相对问言语也。既而弟子各自记其所问焉，与《论语》《孝经》并时"。本书综合诸说，暂将《孔子家语》《孝经》排在《论语》之后。《大戴礼记·主言》："故曰：所谓天下之至仁者，能合天下之至亲者也；所谓天下之至知者，能用天下之至和者也；所谓天下之至明者，能选天下之至良者也。"

【浅译】

所以说：天下最仁爱的人，能聚合天下至亲之人；天下最圣明的人，能够选拔天下最贤能的人。

22.仁者莫大乎爱人。——《孔子家语·王言解》

【说明】

《大戴礼记·王言》（《王言》又作《主言》）亦载此言。

【浅译】

仁的内涵没有比关爱人更重要的了。

23.行有四仪：一曰志动不忘仁，二曰智用不忘义，三曰力事不忘忠，四曰口言不忘信。慎守四仪，以终其身，名功之从之也，犹形之有影，声之有响也。——旧题 战国·尸佼《尸子·四仪》

【说明】

尸佼，战国时期著名的政治家，先秦诸子百家之一。其思想融合诸家，《汉书》将《尸子》列入杂家，《宋史》改列为儒家，孙星衍又称

《尸子》为杂家。《尸子》一书早佚，后由唐代魏徵，清代惠栋、汪继培等辑成。

【浅译】

行为有四个准则：一是实现志向时不忘仁爱，二是运用智慧时不忘道义，三是尽力做事时不忘忠诚，四是开口说话时不忘诚信。能终身谨慎恪守这四个准则，名誉功业便会相随而至，就好像是影子追随形体，声音必有回响一样。

24.仁则荣，不仁则辱。——《孟子·公孙丑上》

【浅译】

原义指（执政者）如果实行仁政，事业就会带来荣耀；如果不实行仁政，事业就会蒙受羞辱。

【或译】

仁爱之人会得到荣耀，不仁之人就会招致耻辱。

25.仁者如射，射者正己而后发。发而不中，不怨胜己者，反求诸己而已矣。——《孟子·公孙丑上》

【浅译】

仁爱之人（的行为）就如同射箭比赛一样，射箭的人先端正自己的姿势然后才发射。发射而没有射中，不埋怨胜过自己的人，只是反过来从自己身上找问题罢了。

26.君子所以异于人者，以其存心也。君子以仁存心，以礼存心。仁者爱人，有礼者敬人。爱人者，人恒爱之；敬人者，人恒敬之。——《孟子·离娄下》

【浅译】

君子之所以不同于一般人，是因为他保存在心里的思想不同。君子把仁爱保存在心里,把礼仪保存在心里。仁爱的人关爱人,有礼的人尊敬人。关爱人的人,别人就一直敬爱他;尊敬人的人,别人就一直尊敬他。

27. 亲而不可不广者,仁也。——《庄子·外篇·在宥》

【注释】

广:广泛义,一说扩大义。

【浅译】

对人的亲爱不可以不广泛,这是"仁爱"的要求。

【或译】

亲爱不可以不扩大范围,这就是仁爱。

28. 爱人利物之谓仁。——《庄子·外篇·天地》

【浅译】

爱人而又有利于万物,这才能叫作仁爱。

29. 仁之所在无贫穷,仁之所亡无富贵。——战国·荀况《荀子·性恶》

【注释】

亡(wú):同"无"。

【浅译】

有仁爱在,就没有贫穷的感觉;仁爱缺乏,就不会有真正的富贵感。

30. 仁者,谓其中心欣然爱人也。——战国·韩非《韩非子·解老》

【浅译】

真正仁爱的人,是从心底里愉快地爱别人。

31. 仁者爱万物而智者备祸于未形，不仁不智，何以为国？——战国·李兑（西汉·司马迁《史记·赵世家》）

【浅译】

仁爱的人博爱世间一切事物，而智慧的人在祸患没发生时就做好了防备，没有仁爱之心又没智慧的人，如何治理国家？

32. 仁者，义之本也。——《礼记·礼运》

【浅译】

仁爱是道义的根本。

33. 温良者，仁之本也。——《礼记·儒行》

【浅译】

温和善良是仁的根本。

34. 仁者以财发身，不仁者以身发财。——《礼记·大学》

【说明】

这是"发财"一词在中国古代典籍中的最早出处。

【浅译】

仁德之人用财富来发展自身，没有仁德之人靠身份来聚敛财富。

35. 谚曰：厚者不毁人以自益也，仁者不危人以要名。——《战国策·燕策三》

【注释】

要（yāo）：同"邀"，求取。

【浅译】

谚语说：道德高尚的人不会做损人利己的事，仁爱的人不会危害别人来求取功名。

36. 仁之法，在爱人，不在爱我；义之法，在正我，不在正

人。——西汉·董仲舒《春秋繁露·仁义法》

【浅译】

仁爱的法则在于爱别人，而不是爱自己；道义的法则在于匡正自己，而不是纠正别人。

37. 非仁无以广施，非义无以正身。——西汉·杜钦（东汉·班固《汉书·杜钦传》）

【说明】

杜钦，字子夏。西汉杜陵（今陕西省西安市）人。年轻时喜好经书，家富而目偏盲，不好为官，以才能著称于当时的京师。西汉末年曾任大将军军武库令，职闲无事。

【浅译】

没有仁爱之心就无法广泛地布施恩德，没有道义之心就无法端正自身。

38. 知者不危众以举事，仁者不违义以要功。——东汉·窦融（南朝宋·范晔《后汉书·窦融传》）

【说明】

窦融，字周公，扶风郡平陵县（今陕西省咸阳市西北）人。西汉末年至东汉时期名将。王莽掌权时期，曾参与镇压起义。刘秀称帝后，窦融归附，"窦融归汉"成为后世的著名典故。

【注释】

知（zhì）者："知"同"智"。智慧的人。要（yāo）：同"邀"，求取。

【浅译】

智慧的人不会危害众人的利益来做事，仁爱的人不会违背道义来求取功名。

（二）魏晋南北朝篇

39. 仁者不以盛衰改节，义者不以存亡易心。——三国·魏·夏侯令女（西晋·陈寿《三国志·魏书·何晏传》裴松之注引皇甫谧《列女传》）

【说明】

夏侯令女，三国时期谯郡（今安徽省亳州市）人。曹魏大臣夏侯文宁之女，曹文叔之妻，其夫死后，自残以拒改嫁。其事迹见于《三国志·魏书·何晏传》裴松之注引皇甫谧《列女传》。

【浅译】

有仁德的人不会因为国家的盛衰而改变节操，讲道义的人不会因为国家的存亡而改变心志。

40. 仁在于行，行可力为。——东晋·葛洪《抱朴子·外篇·仁明》

【浅译】

仁主要表现在实际行动上，而实际行动是可以靠努力来办到的。

（三）隋唐五代宋辽金篇

41. 博爱之谓仁，行而宜之之谓义。——唐·韩愈《原道》

【浅译】

博爱就叫作"仁"，恰当地去践行"仁"就是"义"。

42. 人君以至诚为道，以至仁为德。——北宋·苏轼《上初即位论治道二首·道德》

【注释】

至：极，最。

【浅译】

君主把极致的诚信作为大道，把极致的仁爱作为美德。

43. 仁者之勇，雷霆不移。——北宋·苏轼《祭堂兄子正文》

【浅译】

有仁德的人的勇敢，就是雷电轰身也不动摇。

44. 以爱己之心爱人则尽仁。——北宋·张载《正蒙·中正篇》

【说明】

张载，字子厚，世称横渠先生。凤翔郿县（今陕西省宝鸡市眉县横渠镇）人。北宋思想家、教育家、理学创始人之一。著有《正蒙》《易说》《经学理窟》等。

【浅译】

能够像爱自己那样去爱别人，就完全达到仁人的精神境界了。

45. 为仁者，必有以胜私欲而复于礼，则事皆天理，而本心之德复全于我矣。——南宋·朱熹《四书章句集注·论语集注·颜渊》

【注释】

有以：表示具有某种条件、原因等。此处指"有用来……的方法"。

【浅译】

践行仁德之人，必定有战胜一己私欲来恢复礼义的方法，那么所做的事都会符合天理，而自我也再次保全了自我的仁德之心。

（四）元明清篇

46. 幸人之灾，不仁；背人之施，不义。——明·冯梦龙《东周列国志》第三十回

【注释】

施：给予，这里当指给予过的帮助和恩惠。

【浅译】

庆幸别人的灾祸，是不仁；背弃别人的恩惠，是不义。

47. 千秋龟鉴示兴亡，仁义从来为国宝。——清·张映斗《咸阳》

【说明】

张映斗，字雪子。清乌程（治今浙江省湖州市南）人。雍正十一年（1733年）进士，官翰林院编修。擅长写诗，为汤右曾等人称赏。著有《秋水斋诗集》。

【注释】

龟鉴（guī jiàn）：比喻借鉴。龟，占卜用的龟甲。鉴，镜子。古代重要的政事决策多会进行占卜以求吉凶验证，又古人以史为鉴，此处龟鉴代指历史借鉴。

【浅译】

几千年的历史昭示了兴盛、衰亡的原因，仁爱和道义从来都是治国安民的法宝。

二、"德"——德从心修

（一）先秦两汉篇

1. 不恒其德，或承之羞。——《周易·恒》

【浅译】

不恒久地坚守美德，也许会承受耻辱。

2. 地势坤，君子以厚德载物。——《周易·坤》

【注释】

地势坤：大地气势和顺。坤，和顺。君子：两周时期对贵族或品德高尚、学养深厚之士的尊称。

【浅译】

大地气势和顺，君子应该用大地一样深厚的仁德承载万物。

3. 君子以俭德辟难，不可荣以禄。——《周易·否》

【注释】

俭：节俭。一说收敛。辟：通"避"，回避，躲避。

【浅译】

君子应该用节俭的美德规避灾难（或译君子应收敛其德，不形于外，以避小人之难），而不应该去汲汲谋取高官厚禄和荣华富贵。

4. 君子进德修业。——《周易·乾》

【浅译】

君子增进道德，建立功业。

5. 君子以成德为行，日可见之行也。——《周易·乾》

【注释】

成德为行：成就道德作为行为目标。

【浅译】

君子将成就道德作为行为目标,是通过那些日常可见的行为(来成就的)。

6. 君子学以聚之,问以辩之,宽以居之,仁以行之。——《周易·乾》

【浅译】

君子要学习有用的知识并将其积累起来,遇到疑问要通过请教、辩论找出答案,对待周围的人要有宽宏大量的气度,日常行为要以仁爱为准则。

7. 德盛不狎侮。——《尚书·周书·旅獒》

【说明】

旅獒(áo)是当时西戎旅国献上的一种大犬。太保召公因西旅献犬一事作《旅獒》劝谏周武王。

【注释】

狎(xiá):亲近而态度轻佻。

【浅译】

品德高尚的人自然庄重,也不轻侮别人。

8. 作德,心逸日休;作伪,心劳日拙。——《尚书·周书·周官》

【注释】

日:一天天。心劳:内心劳苦疲惫。

【浅译】

人做事符合道德,内心就会安逸舒服,生活也会一天比一天闲适;做事虚伪奸诈,内心就会劳苦疲惫,生活也会一天比一天困窘。

9. 所求于己者多，故德行立。——旧题　春秋·管仲《管子·君臣下》

【说明】

管仲，姬姓，管氏，名夷吾，字仲，谥敬。春秋时期齐国国相，辅佐齐桓公成为春秋五霸之一。法家代表人物。《管子》一书托名管仲，内容庞杂，思想丰富。

【浅译】

对自己要求严格的人，高尚的品德就树立起来了。

10. 大上有立德，其次有立功，其次有立言，虽久不废，此之谓不朽。——《左传·襄公二十四年》

【注释】

大上：即"太上"，最高，最上。"大"，同"太"。立言：著书立说。

【浅译】

作为一名君子，最高的追求是树立高尚的品德，德泽天下；次一等的追求是建功立业，报效国家；再次一等的追求是著书立说，将思想理论传于后世，时间再久也不会被废弃，这样便是永远地不朽了。

11. 夫令名，德之舆也。德，国家之基也。——《左传·襄公二十四年》

【注释】

令：美。舆（yú）：本义车厢，这里为承载。

【浅译】

所谓美名，是德行的具体表现而已。德行，是国家的立国根基。

12. 季康子问："使民敬、忠以劝，如之何？"子曰："临

之以庄,则敬;孝慈,则忠;举善而教不能,则劝。"——《论语·为政》

【注释】

临:面临,对待。不能:没有能力。

【浅译】

季康子问孔子:"要使老百姓恭敬、忠诚和勤勉,应该怎么办呢?"孔子回答说:"你作为当政者,对待老百姓的事情严肃认真,他们自然对你恭敬;你对长者孝顺,对幼者慈爱,老百姓就会对你忠诚;选用贤能的人,教育无能的人,老百姓自然会勤勉。"

13.子曰:"君子怀德,小人怀土;君子怀刑,小人怀惠。"——《论语·里仁》

【浅译】

孔子说:"君子关心的是道德,小人关心的是乡土;君子关心的是法度,小人关心的是恩惠。"

14.君子之德风,小人之德草,草上之风,必偃。——《论语·颜渊》

【注释】

小人:此处指一般的老百姓。偃(yǎn):倒伏。

【浅译】

统治者的德行就像风,老百姓的德行就像草,草上面的风吹向哪边,草就跟着倒向哪边。

15.巧言乱德。——《论语·卫灵公》

【浅译】

花言巧语败坏道德风尚。

16. 子曰："道听而涂说，德之弃也。"——《论语·阳货》

【注释】

涂：同"途"，道路。

【浅译】

孔子说："在路上听到一些传闻不加核实就随意散播，这是道德所唾弃的。"

17. 芝兰生于深林，不以无人而不芳；君子修道立德，不为穷困而败节。——《孔子家语·在厄》

【注释】

芝兰：指两种香草，古时比喻德行、才质或环境的美好等。《荀子·宥坐》篇作"且夫芷兰生于深林，非以无人而不芳"。不为穷困而败节："为"，又作"谓"，因为。穷，特指困顿、不得志。"败"，又作"改"，败坏。此据四库本。

【浅译】

芝、兰两种香草生长在深山老林之中，不会因为无人欣赏就不吐露芬芳；品德高尚的人修行道义、树立美德，不会因为失意困顿而败坏自己的节操。

18. 故乱国之主，务于广地，而不务于仁义；务在高位，而不务于道德。是舍其所以存，而造其所以亡也。——《文子·上仁》

【浅译】

所以使国家动乱败亡的国君，只顾致力于扩大地盘，而不致力于推行仁义；只顾致力于占据高位，而不致力于推行道德。这种做法，实际上是在丢掉立国基础，酿造亡国的原因。

19. 以德服人者，中心悦而诚服也，如七十子之服孔子

也。——《孟子·公孙丑上》

【浅译】

用道德使人信服的，人们内心愉悦、真诚信服，就像七十弟子信服孔子那样。

20.孟子曰："尧、舜，性者也；汤、武，反之也。动容周旋中礼者，盛德之至也。哭死而哀，非为生者也。经德不回，非以干禄也。言语必信，非以正行也。君子行法，以俟命而已矣。"——《孟子·尽心下》

【注释】

反：同"返"。动容：举止仪容。周旋：指所作所为。法：法度，指自然道理。

【浅译】

孟子说："尧、舜的仁德，是出自本性；商汤王、周武王的仁德，是（经过修身）回归本性的。举止仪容等一切方面都符合礼仪，这是美德的最高表现。为死者哭得悲哀，不是做给活人看的。遵循道德而不违背它，不是为了求官的。言语一定要信实，不是为了让人知道自己行为端正。君子遵循天然的道理去做，以此等待命运的安排罢了。"

21.通于天地者，德也；行于万物者，道也。——《庄子·外篇·天地》

【注释】

通：贯通。行：运行。

【浅译】

贯通于天地人世间的行为规范称作德，支配万物发展变化的规律叫作道。

22. 积善成德，而神明自得，圣心备焉。——战国·荀况《荀子·劝学》

【注释】

神明：此处当指智慧。

【浅译】

积累善行养成高尚的品德，自然就会有高超的智慧，具备圣人的精神境界。

23. 德操然后能定，能定然后能应，能定能应，夫是之谓成人。——战国·荀况《荀子·劝学》

【注释】

应：应变。成人：德行完美的人。

【浅译】

有德行操守就有定力，有定力然后就有应变能力，有定力又有应变能力，才可称为德行完美的人。

24. 不知则问，不能则学，虽能必让，然后为德。——战国·荀况《荀子·非十二子》

【浅译】

不懂的就问，不会的就学，虽然能力强但也要谦让，这之后才能算作有德。

25. 君子崇人之德，扬人之美，非谄谀也；正义直指，举人之过，非毁疵也。——战国·荀况《荀子·不苟》

【注释】

疵：诽谤。

【浅译】

君子推崇别人的德行,赞扬别人的优点,并不算是谄媚讨好;依照正义的标准,直接指出别人的过失,也不能算是诋毁诽谤。

26. 先莫先于修德。——旧题 秦末·黄石公《素书·本德宗道》

【说明】

黄石公,秦汉时期思想家、军事家。别称圯上老人、下邳神人。后被道士拉入道教神谱。秦末隐居下邳之时曾三次试探张良,授予《太公兵法》,助其辅佐汉高帝刘邦夺得天下。《素书》相传为黄石公所作,书中提出"道、德、仁、义、礼,五者一体",不仅包含治国安邦的谋略,更有修身处世的智慧。

【浅译】

没有比修养德行更需要最先做的了。

27. 是故君子先慎乎德,有德此有人,有人此有土,有土此有财,有财此有用。德者本也,财者末也。——《礼记·大学》

【注释】

此:乃,则。

【注释】

所以君子首先注重道德修养,有道德才会有人拥护,有人拥护才会有土地,有土地才会有财富,有财富才能供使用。道德是根本,财富是微不足道的。

28. 大学之道,在明明德,在亲民,在止于至善。知止而后有定,定而后能静,静而后能安,安而后能虑,虑而后能得。物有本末,事有终始,知所先后,则近道矣。——《礼记·大学》

【注释】

大学：古人有不同的解释，朱熹的解释为"大学者，大人之学也"。（《四书章句集注·大学章句》）"人生八岁，则自王公以下至于庶人之子弟，皆入小学，而教之以洒扫、应对、进退之节，礼乐、射御、书数之文；及其十有五年，则自天子之元子、众子，以至公、卿、大夫、元士之适子，与凡民之俊秀，皆入大学，而教之以穷理、正心、修己、治人之道。此又学校之教，大小之节所以分也。"（《大学章句·序》）我们可以理解为高深而广博的学问。道：宗旨，目的。明明德：前一个"明"为动词，使动用法，即"使彰明"，也就是发扬、弘扬；后一个"明"是形容词，明德，也就是光明正大的品德。亲：通"新"。止：停止的地方，此处指要达到何处才停止。

【浅译】

学习大学问的宗旨在于弘扬光明正大的品德，在于使人弃旧图新，在于使人达到最美善的境界。知道应达到的境界才能够志向坚定，志向坚定才能够静下心来，静下心来才能够心神安稳，心神安稳才能够思虑周详，思虑周详才能够有所收获。每样东西都有根本有枝节，每件事情都有开始有终结，明白了事物本末始终的顺序，就接近学习的宗旨了。

29. 积德之家，必无灾殃。——西汉·陆贾《新语·怀虑》

【说明】

陆贾，汉初楚国人，能言善辩，对安定汉初局势做出极大贡献。西汉思想家、政治家、外交家，著有《新语》等。

【浅译】

积累德行的家庭，必定没有灾害祸患。

30. 德不优者不能怀远，才不大者不能博见。——东汉·王充

《论衡·别通篇》

【注释】

怀远：胸怀远大。

【浅译】

品德不高尚的人，难有远大志向；才识浅薄的人，难有远见卓识。

31. 君子不患位之不尊，而患德之不崇。——东汉·张衡（南朝宋·范晔《后汉书·张衡传》）

【说明】

张衡，字平子。南阳郡西鄂县（今河南省南阳市石桥镇）人。东汉时期著名的天文学家、文学家，与司马相如、扬雄、班固并称"汉赋四大家"。著有《二京赋》《归田赋》等。

【注释】

君子：品德高尚的人。患：忧虑，担心。

【浅译】

品德高尚的人不忧虑没有尊贵的地位，而担心德行不高。

32. 德比于上，欲比于下。德比于上故知耻，欲比于下故知足。——东汉·荀悦《申鉴·杂言下》

【说明】

荀悦，字仲豫。颍川颍阴（今河南省许昌市）人。东汉末史学家、思想家。灵帝时，托疾隐居。献帝时，应曹操之召出仕，后奉汉献帝命以《左传》体裁为班固《汉书》作《汉纪》。又著有《申鉴》《崇德》《正论》等。

【浅译】

在德行上要和高于自己的人比，在欲望上要和低于自己的人比。和德行高的人比，才会有羞耻之心；和欲望低的人比，才会感觉满足。

（二）魏晋南北朝篇

33. 勿以恶小而为之，勿以善小而不为。惟贤惟德，能服于人。——三国·蜀·刘备（西晋·陈寿《三国志·蜀书·先主传》裴松之注引《诸葛亮集》）

【注释】

服：使动用法，使……信服。

【浅译】

不要因为一件坏事很小而去做，也不要因为一件善事很小而不去做。只有贤明和仁德才可以让人信服。

34. 士有百行，以德为首。——三国·魏·许允之妻阮氏（西晋·陈寿《三国志·魏书·夏侯玄传》裴松之注引《魏氏春秋》）

【说明】

阮氏，陈留尉氏（今河南省开封市尉氏县）人。出身士族之家，是卫尉阮共（字伯彦）之女、阮侃（字德如）之妹，后为三国时期曹魏大臣、名士许允之妻。

【注释】

行：品行。

【浅译】

读书人的品行有多种，德行是第一位的。

35. 立德之本，莫尚乎正心。心正而后身正，身正而后左右正，左右正而后朝廷正，朝廷正而后国家正，国家正而后天下正。——西晋·傅玄《傅子·正心》

【说明】

傅玄,字休奕。北地泥阳(治今陕西省铜川市耀州区)人。魏晋时期文学家、思想家。为人刚强正直,博学善诗文,著有《傅子》等。

【注释】

尚:超过。左右:指国君身边的大臣。

【浅译】

(君主)树立道德的根本,没有比端正自己的心性更重要的了。心性端正了,然后自身就端正了;自身端正了,然后身边的大臣就正了;身边的大臣正了,然后朝廷风气就正了;朝廷风气正了,然后国家的运作就正了;国家正了,然后天下就会归于正道。

(三)隋唐五代宋辽金篇

36. 才者,德之资也;德者,才之帅也。——北宋·司马光《资治通鉴·周纪一》

【注释】

资:凭借。帅:主导。

【浅译】

才是德的凭借,德是才的主导。

37. 一德立而百善从之。——北宋·程颢、程颐《二程集·粹言卷·论道篇》

【说明】

程颢(hào),字伯淳,人称明道先生。程颐(yí),程颢胞弟,字正叔,人称伊川先生。二人为洛阳(今属河南)人,都曾就学于周敦颐,进而开创"洛学";并同为宋明理学的奠基者,世称"二程",《二程集》是程颢、程颐全部著作的汇集。

【浅译】

只要一种高尚的道德确立起来了，各种善行就会随之产生。

（四）元明清篇

38. 金有一分铜铁之杂则不精，德有一毫人伪之杂则不纯矣。——明·薛瑄《读书续录》

【说明】

薛瑄，字德温，号敬轩。河津（今属山西）人。明代著名思想家、理学家、文学家，河东学派的创始人，世称"薛河东"。谥号文清，故后世称其为"薛文清"。其读书笔记先后集成《读书录》《读书续录》。

【浅译】

金子有一点铜铁的杂质就不精纯，品德有一丝人为伪装的杂念就不会纯粹。

39. 种树者必培其根，种德者必养其心。欲树之长，必于始生时删其繁枝。欲德之盛，必于始学时去夫外好。——明·王守仁《传习录》

【说明】

王守仁，初名王云，字伯安。绍兴府余姚（今浙江省余姚市）人。曾筑室阳明洞，世称"阳明先生"。谥文成，故后人又称其为王文成公。陆王心学之集大成者，明朝思想家、文学家、军事家、教育家。著有《传习录》《王文成公全书》等。

【浅译】

栽种树木必须将树木的根系培育好，修养品德的人必须先培养好自己的心性。要想让树木长成参天大树,必须在其开始生长时就剪去杂乱的枝杈。要想让品德修养圆满,必须从一开始学的时候就摒除杂念。

40. 德与年而俱进,如日升月恒。——明·归有光《少傅陈公六十寿诗序》

【浅译】

德行随着年月的增长不断地进步,就好像太阳每日升起月亮恒久明亮一样自然而然。

41. 上怨报之以德,上毁报之以誉,上疑报之以诚。隙嫌不生,自无虞。——明·张居正《权谋残卷·事上》

【注释】

无虞:没有凶灾之事。虞,忧患。

【浅译】

上级怨恨你,就用德行去回报他;上级诋毁你,就用赞誉来回报他;上级对你猜忌,就用诚实来回报他。这样就不会滋生嫌隙,自然就没有祸患了。

42. 学者只事事留心,一毫不肯苟且,德业之进也,如流水矣。——明·吕坤《呻吟语·存心》

【说明】

吕坤,字叔简,号新吾,晚号抱独居士。宁陵(今属河南)人。明朝文学家、思想家。吕坤刚正不阿,为政清廉。著有《实政录》《呻吟语》等。《呻吟语》为吕坤代表作,是一部指导为人处世的语录体、箴言体小品文集。

【浅译】

治学的人只要事事留心,一丝不苟,德行学业的进步,就会像涓涓的流水没有终止。

43. 遇老成人，便肯殷殷求教，则向善必笃也。听切实话，觉得津津有味，则进德可期也。——清·王永彬《围炉夜话》

【说明】

王永彬，字宜山，人称宜山先生。清代荆州府枝江（今湖北省宜都市）人，历乾隆至同治五个时期。著有《围炉夜话》，与《菜根谭》（明·洪应明）、《小窗幽记》（明·陈继儒）一起被称为"处世三大奇书"。《围炉夜话》是一本文学品评著作，也是一本通俗格言集。

【注释】

老成人：年高德重的人。笃（dǔ）：忠实，一心一意。

【浅译】

遇到年高德重的人，就主动虚心求教，那么求善之心必定十分诚恳。听到恳切实在的话，便觉得津津有味，那么品德修养的提高就有希望了。

44. 敬为入德之门，傲其聚恶之府。——清·申居郧《西岩赘语》

【说明】

申居郧，清代学者，生平不详。《西岩赘语》收录的皆为具有劝世训诫意味的格言式文句。

【浅译】

恭敬是培养高尚品德的门径，傲慢是汇聚恶劣品质的府库。

第二章 节 义

"节",繁体字形作"節",自金文开始字形未有大变,从战国早期子禾子釜中的"[字形]集成10374"、战国中期陈纯釜中的"[字形]集成10371"等金文字形,到战国晚期的"[字形]上(1)·性·12""[字形]睡·秦161"等简文字形,再到秦汉时的篆文字形"[字形]说文","节"的字形基本一致,为上竹下即,本义为竹节,《说文解字》释为"竹约也,从竹即声"。引申为竹子草木枝干中坚实结节的部分,后也借指人的气骨中最坚实的部分;用于道德范畴便有气节、节操、风骨等义,如《荀子·王霸》"士大夫莫不敬节死制"、《荀子·君子》"节者,死生此者也"等。后常用来讲民族气节。

纵观五千年的华夏历史,在外敌入侵、民族存亡之际,往往会涌现出一个个可歌可泣的忠义气节之士:滞留匈奴十九年而不改汉节的苏武,为抗金保宋而屈死守节的民族英雄岳飞,为抗元救国而蹈海保节的爱国诗人文天祥,抗击瓦剌、坚守民族气节的明朝名臣于谦等。他们舍生忘死、坚守正义的崇高精神为后人敬仰并广为传颂。"岁寒,然后知松柏之后凋也"(《论语·子罕》)、"不为穷困而改节"(《孔子家语·在厄》)、"人固有一死,或重于泰山,或轻于鸿毛"(司马迁《报任安书》)、"捐躯赴国难,视死忽如归"(曹植《白马篇》)、"宁可玉碎,不能瓦全"(《北齐书·元景安传》)、"时危见臣节,世乱识忠良"(鲍照《代出自蓟北门行》)、"疾风知劲草,板荡识诚臣"(李世民《赐萧瑀》)、"伏波惟愿裹尸还,定远何须生入关"(李益《塞下曲》)、"奋不顾身,临时守节"(苏轼《乞擢用刘季孙状》)、"人生自古谁无死,留取丹心照汗青"(文天祥《过零丁洋》)、"粉身碎骨浑不怕,要留清白在人间"(于谦《石灰吟》)……经过世代传承弘扬的民族气节及个人操守,是支撑中华民族生生不息的脊梁。

"义",繁体字形为"義",从羊我声。徐铉认为"義"与"善"同义,故从羊,甲骨文所从的"羊""我"共用一竖画,如"羛 合27979""羛 合36701"。金文中"羊""我"已分开,如"羛 集成2809""羛 集成10175"。战国文字所从的"羊"常常省形,如"羛 包2.249""羛 郭·缁·32"。篆文作"羛 说文"。"义"的本义为威仪,《说文解字》:"己之威仪也。"后作"仪"。又通"宜",《释名·释言语》:"义,宜也。裁制事物使合宜也。"段玉裁认为:"义之本训谓礼容各得其宜,礼容得宜则善矣。"楚系简帛中,"義"字又有从我从心的写法,如"羛 郭·缁·2"。有学者认为,战国时期,"義"的意义已基本由"威仪、仪态"移指"仁义",故楚人特地创造出"𢘽"这个专门表示内在德性、心性的"義"字。在早期文献中,"义"已经作为一种道德范畴,用来指天下合宜之理。如,孔子强调的"义"为道义,《论语·里仁》:"君子之于天下也,无适也,无莫也,义之与比。"孟子则继承、发展了孔子的思想,所谓"君仁,莫不仁;君义,莫不义;君正,莫不正"(《孟子·离娄上》),将"仁"与"义"联系了起来，把仁义看作道德行为的最高准则，必要时可以舍生而取义。而在《左传》《国语》等书中"义"又常常与"利"并称，朱熹说："义利之说，乃儒者第一义。"（《与延平李先生书》）这是从政治哲学层面来说的，后来《大学》中的义利之辩，表面看是公利与私利之争，实则指政治学意义上权力（制度）与正义的关系问题。诸如此类意义的细微差别，是"义"在具体语境中的衍化。总的来说，"义"是极为重要的道德标准，在儒家核心价值观仁、义、礼、智、信（或作圣）中位居第二。

"节义"指节操与义行，最早见于《管子·君臣上》，曰："是以上之人务德，而下之人守节义。""节义"有时也作"节谊"。《旧唐书·张建封传》记载："（唐德宗）又令高品中使赍常所执鞭以赐之，曰：'以卿忠贞节义，岁寒不移，此鞭朕久执用，故以赐卿，表卿忠节也。'""节义"二字到了《新唐书》中就改作"节谊"。《新唐书·张建封传》："帝（唐德宗）又使左右以所持鞭赐之，曰：'卿节谊岁寒弗渝，故用此为况。'""持节重义"自古以来就是志士仁人对高尚人格的追求，是中国优秀文化传统和民族精神的重要组成部分。同时，"节义"的美德伦理特质和普遍伦理意义，也为当前公民道德建设提供了坚实的价值支撑。

一、"节"——守节不移

（一）先秦两汉篇

1. 礼不逾节，义不自进，廉不蔽恶，耻不从枉。故不逾节则上位安，不自进则民无巧诈，不蔽恶则行自全，不从枉则邪事不

生。——旧题 春秋·管仲《管子·牧民》

【注释】

逾：逾越，越过。节：法度。枉：弯曲，与"直"相对，引申为行为不合正道或行为不合正道的人。

【浅译】

有礼仪，人们就不会逾越法度；有道义，就不会妄自求进；有方正品格，就不会掩饰过错；有羞耻之心，就不会屈从坏人做违背道德的事。因此，人们不逾越法度，君主的地位就安稳；不妄自求进，人们就不巧谋欺诈；不掩饰过错，品行就自然完善；不屈从坏人，邪乱的事情也就不会发生。

2. 诸侯将见子臧于王而立之，子臧辞曰："前志有之曰：'圣达节，次守节，下失节。'为君，非吾节也。虽不能圣，敢失守乎？"遂逃至宋。——《左传·成公十五年》

【注释】

子臧：姓姬，名欣时（一作喜时）。春秋时期曹国公族，曹宣公之子，著名节士，有让国之贤。

【浅译】

诸侯要让子臧进见周王而立他为国君，子臧辞谢道："古书上有这样的话：'圣人做事情合于节操，稍次的人是保持节操，最下等的人是失去节操。'做君主不符合我所遵循的节义。我虽不是圣人，但也不能丧失自己的节操。"于是逃到了宋国。

3. 子曰："岁寒，然后知松柏之后凋也。"——《论语·子罕》

【注释】

凋：凋落。

【浅译】

孔子说："到了一年中最寒冷的冬季，才知道松树、柏树是最后落叶的。"（比喻只有在最严酷的环境里才能看出一个人的节操和品格。）

4. 不降其志，不辱其身。——《论语·微子》

【浅译】

不动摇自己的志向，不辱没自己的清白。

5. 芝兰生于深林，不以无人而不芳；君子修道立德，不为穷困而败节。——《孔子家语·在厄》

【说明】

注译同第23页第17条。

6. 富贵不能淫，贫贱不能移，威武不能屈，此之为大丈夫。——《孟子·滕文公下》

【注释】

威武：权势。

【浅译】

荣华富贵不能使心性迷乱，贫穷低贱不能使志向动摇，淫威强权不能使气节屈服，这样才叫作大丈夫。

7. 仰不愧于天，俯不怍于人。——《孟子·尽心上》

【注释】

怍（zuò）：惭愧。

【浅译】

抬头仰望对天无愧，低头反思对人无愧。

8. 朝饮木兰之坠露兮，夕餐秋菊之落英。——战国·屈原《离骚》

【浅译】

早晨饮用木兰花上滴落的露水，傍晚咀嚼秋菊初开的花瓣。（屈原用餐花饮露比喻自己终生追求的高洁生活。）

9. 规小节者不能成荣名，恶小耻者不能立大功。——战国·鲁仲连（西汉·司马迁《史记·鲁仲连邹阳列传》）

【说明】

鲁仲连，或称鲁连。战国时齐国人，为人善辩有谋略，用自己的辩才帮助田单（战国时期齐国名将，齐国远房宗室，挽救了濒临灭亡的齐国）收复失地，光复齐国。

【注释】

规：规划，谋求。荣名：美名。

【浅译】

仅注重小节操的，不能成就美好的名声；忍耐不了小耻辱的，不能建立大功业。

10. 石可破也，而不可夺坚；丹可磨也，而不可夺赤。——秦·吕不韦《吕氏春秋·季冬纪·诚廉》

【浅译】

石头可以被砸烂，但绝不能改变它坚硬的本质；朱砂可以被磨碎，但绝不能改变它本身的红色。（以"石坚丹赤"比喻具有高洁品质的人不会因外界压力而改变操守，即使粉身碎骨，也精神永存。）

11. 临财毋苟得,临难毋苟免。——《礼记·曲礼上》

【注释】

苟(gǒu)得:不当得而得,这里指以不正当的手段去获得。苟,苟且。苟免:不当免而求幸免,这里指丧失气节以求免除。

【浅译】

面对钱财,不要以不正当的手段去获得;面对危难,不要丧失气节以求免除。

12. 智者不倍时而弃利,勇士不怯死而灭名,忠臣不先身而后君。——《战国策·齐策六》

【注释】

倍时:违时,错过时机。倍,通"背"。

【浅译】

智慧的人不违背时机而放弃有利的行动,勇士不惧怕死亡而毁灭名声,忠臣不先顾及自己后顾及国君。

13. 人固有一死,或重于泰山,或轻于鸿毛。——西汉·司马迁《报任安书》

【注释】

固:必然;本来。鸿毛:鸿雁的羽毛,比喻极轻的东西。

【浅译】

人必然有一死(但死的价值不同),有的比泰山还重,有的比大雁的羽毛还轻。

14. 不为穷变节,不为贱易志。——西汉·桓宽《盐铁论·地广》

【说明】

桓宽,字次公。汉代汝南郡(治今河南省上蔡县西南)人。治《公羊春秋》,善为文,著有《盐铁论》。

【浅译】

不要因失意窘困而改变节操,不要因地位低贱而动摇志向。

15. 折直士之节,结谏臣之舌,群臣皆知其非,然不敢争。天下以言为戒,最国家之大患也。——西汉·梅福(东汉·班固《汉书·梅福传》)

【说明】

梅福,字子真。西汉末年九江郡寿春(今安徽省寿县)人。曾官南昌县尉,后去官隐居。

【浅译】

挫伤正直之士的气节,阻碍进谏之臣说话,大臣们都知道这样做是错误的,可是没有人敢据理力争。天下人都对进献谏言心生戒备,这是一个国家最大的祸患。

(二)魏晋南北朝篇

16. 捐躯赴国难,视死忽如归。——三国·魏·曹植《白马篇》

【浅译】

为赴国难奋勇献身,看待死亡就好像回归故里。

17. 吾不能为五斗米折腰。——东晋·陶渊明(唐·房玄龄等《晋书·陶潜传》)

【注释】

五斗米：晋代县令的月俸，后指微薄的俸禄。折腰：弯腰行礼，指屈身于人。

【浅译】

我不会为微薄的俸禄而屈身于人。

18. 时危见臣节，世乱识忠良。——南朝宋·鲍照《代出自蓟北门行》

【浅译】

时局危险时才能见出臣子的节操，世道动乱时才能识别出忠臣良将。

19. 宁可玉碎，不能瓦全。——北齐·元景皓（唐·李百药《北齐书·元景安传》）

【说明】

元景皓，字景皓。河南洛阳（今河南省洛阳市）人。鲜卑族，北魏宗室成员。北齐建立后，北魏宗亲多被诛戮，元景皓不愿弃本宗而改姓，因元景安的告密而被诛。《北齐书·元景安传》载此言出自元景皓。

【浅译】

宁可做玉器被砸碎，也不做泥瓦而保全自己。

（三）隋唐五代宋辽金篇

20. 君子不受虚誉，不祈妄福，不避死义。——隋·王通《中说·礼乐篇》

【说明】

王通，字仲淹，门人私谥"文中子"。绛州龙门（今山西省河津市）

人,隋朝教育家、思想家。其著作已失传,今仅存其弟子辑合王通与门人问答笔记而编的《中说》(又称《文中子中说》《文中子》等)。

【注释】

祈:求。死义:以身殉义。

【浅译】

有道德的人不接受虚假的荣誉,不祈求非分的幸福,不回避以身殉义。

21. 疾风知劲草,板荡识诚臣。——唐·李世民《赐萧瑀》

【浅译】

狂风劲吹,才能显出野草的坚韧不拔;时世动荡,才能识别出忠诚正直之臣。

22. 为草当作兰,为木当作松。——唐·李白《于五松山赠南陵常赞府》

【浅译】

做草,就要做寒秋飘香的兰草;做树,就要做严冬不凋的松树。

23. 松柏本孤直,难为桃李颜。——唐·李白《古风·其十二》

【浅译】

孤傲挺拔是松柏的本性,它们难以做到有桃李那样妖艳媚人的颜色。(比喻志士仁人坚守独立品格,难以媚俗。)

24. 愿君学长松,慎勿作桃李。——唐·李白《赠韦侍御黄裳·其一》

【说明】

韦黄裳谄媚权贵,作者赠此诗,有讽喻之意。

【浅译】

希望你学习高大的松树坚韧挺拔的品格,千万不要成为媚人的桃李。

25. 安能摧眉折腰事权贵,使我不得开心颜!——唐·李白《梦游天姥吟留别》

【注释】

摧眉:低眉。

【浅译】

怎么能够低眉弯腰去侍奉那些权贵之人,让我自己一点都不开心!

26. 贫贱不可苟免,富贵不可苟取。——唐·元结《述居》

【注释】

苟:苟且。这里指非正义的、不正当的。

【浅译】

贫贱不能以不正当的方式免除,富贵不能以不正当的手段获取。

27. 伏波惟愿裹尸还,定远何须生入关。——唐·李益《塞下曲》

【注释】

伏波:指伏波将军,是古代将军封号,最著名的伏波将军是东汉开国名将马援。其"老当益壮""马革裹尸"的气概甚得后人崇敬。裹尸还:《后汉书·马援传》中记载,马援由南越班师回洛阳,宾客相贺。马援说:"方今匈奴、乌桓尚扰北边,欲自请击之。男儿要当死于边野,以马革裹尸还葬耳,何能卧床上在儿女子手中邪!"定远:定远侯,即东汉著名军事家、外交家班超。其奉命出使西域,使西域五十余国归附汉朝,为保护西域的安全、丝绸之路的畅通以及促进中外文化的交流做出了巨大贡献。生入关：《后汉书·班超传》中记载，班超在西域三十多年，年老思返，曾上疏说："臣不敢望到酒泉郡，但愿生入玉门关。"

【浅译】

伏波将军马援只想驰骋疆场，马革裹尸而还；定远侯班超为什么非得活着入关呢？（暗指作为军人捐躯疆场才是死得其所。）

28. 良玉烧不热，直竹文不颇。——唐·孟郊《君子勿郁郁士有谤毁者作诗以赠之》

【注释】

文：指竹子的纹理。颇：偏。

【浅译】

好的玉石用火烧也烧不热，挺立的竹子纹理是不会歪偏的。（比喻君子品性坚贞，不为物扰。）

29. 士穷乃见节义。——唐·韩愈《柳子厚墓志铭》

【注释】

士：读书人。穷：困窘。

【浅译】

读书人在困境中才能看出节操来。

30. 竹死不变节，花落有余香。——唐·邵谒《金谷园怀古》

【说明】

邵谒，生卒年不详，韶州翁源（今属广东）人。晚唐时期"岭南五才子"之一。

【浅译】

竹子即使是死了，也不会改变它固有的竹节；花儿即使飘落到地上，也依然散发着芳香。（比喻志士仁人坚守节操，至死不渝。）

31. 见善明，则重名节如泰山；用心刚，则轻生死如鸿毛。——北宋·林逋《省心录》

【说明】

林逋，字君复。钱塘（今浙江省杭州市）人，一说奉化黄贤（今浙江省宁波市）人。北宋著名隐逸诗人，有"梅妻鹤子"之称，卒谥"和靖先生"。《省心录》是林逋将其思想整合而成的佳句小集，劝诫世人从心向善，传授为人处世的要领。

【注释】

见：求取。

【浅译】

追求善美之心明确，就会把名节看得像泰山一样重；心志坚定，就会把死亡看得像鸿毛一样轻。（意思是只要志向崇高，就会重名节轻生死。）

32. 月缺不改光，剑折不改刚。月缺魄易满，剑折铸复良。——北宋·梅尧臣《古意》

【注释】

魄：指月初生或圆而始缺时不明亮的部分，亦泛指月亮、月光。

【浅译】

月亮即使缺了，依然发出皎洁的光亮；宝剑即使折断了，剑身依然是刚硬的。月亮虽然缺了，但是月光还会渐渐变圆满的；宝剑虽然折断了，但是重新铸造以后还是一把好剑。（比喻受挫精神在，重来终会赢。）

33. 出淤泥而不染，濯清涟而不妖。——北宋·周敦颐《爱莲说》

【说明】

周敦颐,又名周元皓,原名周敦实,字茂叔。世称濂溪先生,谥号元公。道州营道(今湖南省道县)人。"北宋五子"之一,宋朝理学思想开山鼻祖,文学家、哲学家。著有《周元公集》《爱莲说》《太极图说》《通书》等。

【浅译】

(莲花)虽从淤泥中长出,却能保持洁净不被淤泥污染;虽在清水洗涤中开放,却能脱俗不妖媚。(比喻君子在污浊的环境中洁身自好、坚守节操。)

34. 奋不顾身,临时守节。 ——北宋·苏轼《乞擢用刘季孙状》

【注释】

临时:到关键时刻。

【浅译】

奋勇拼搏,不考虑个人安危;到了关键时刻,能够坚守自己的节操。

35. 生当作人杰,死亦为鬼雄。——北宋末南宋初·李清照《夏日绝句》

【浅译】

活着就要做人中的豪杰,死了也要当鬼中的英雄。

36. 铁可折,玉可碎,海可枯,不论穷达生死,直节贯殊途。——南宋·汪莘《水调歌头·志可洞金石》

【说明】

汪莘,字叔耕,号柳塘。休宁(今属安徽)人。未入仕,隐居黄山。

晚年筑室柳溪，自号方壶居士。南宋诗人，著有《方壶存稿》等。

【注释】

穷达：困窘、显达。直节：正直的操守。殊途：指各种遭际，这里指前一句所说的"穷达生死"。

【浅译】

钢铁可以折断，玉石可以粉碎，大海可以干涸，但不论是困厄还是显达，也不论是生还是死，总要把正直的操守贯穿于各种遭际之中。

37. 菊花到死犹堪惜，秋叶虽红不耐观。——南宋·戴复古《都中怀竹隐徐渊子直院》

【说明】

戴复古，字式之，号石屏、石屏樵隐。台州黄岩（今浙江省台州市黄岩区）人。南宋著名江湖诗派诗人，著有《石屏诗集》《石屏词》《石屏新语》。

【注释】

堪：值得。秋叶：枫叶。

【浅译】

傲霜的菊花直到凋谢了仍然值得怜惜，枫叶即使一片火红，却禁不起观赏。（比喻有气节者更受人赞赏。）

38. 人生自古谁无死，留取丹心照汗青。——南宋·文天祥《过零丁洋》

【注释】

丹心：忠诚的心。汗青：古时在竹简上写字，先用火熏竹简，以便蒸发水分，使之干燥，谓之汗青，后引申为史册。

【浅译】

自古以来，有谁能长生不死？我要留下一颗精忠报国的诚心，永远闪耀在青史上。

39. 天地有正气，杂然赋流形。下则为河岳，上则为日星。于人曰浩然，沛乎塞苍冥。——南宋·文天祥《正气歌》

【注释】

杂然：杂乱，形容表现形式多。赋：赋予，表现为。流形：万物运动变化的形体。浩然："浩然之气"的省称，首见于《孟子·公孙丑上》，指仁人志士正义凛然的精神状态，是儒家人格修养的理想境界。沛：充沛。苍冥：本指苍天，此处指天地之间。

【浅译】

天地之间蕴藏着正气，这种正气以多种形式表现为各种物体形象。表现在地面上就是江河和山岳之美，表现在天空中就是日月和星辰之丽。表现在人类身上则是浩然之气充塞在天地之间。

40. 时穷节乃见，一一垂丹青。——南宋·文天祥《正气歌》

【注释】

时穷：指时世艰难之际。见：古同"现"，显现。丹青：本为不易泯灭的红色、青色颜料，通常借指绘画，此处借指史册。

【浅译】

越是世事艰难之时，崇高的气节才越能显现出来，这种气节将永垂青史。

（四）元明清篇

41. 贫，气不改；达，志不改。——元·宋方壶《山坡羊·道

情》

【说明】

宋方壶,名子正,号方壶。华亭(今上海市松江区)人。生平不详,约生活在元末明初,工于散曲。

【注释】

气:气节。达:显达。

【浅译】

贫穷微贱时,气节不能改;富贵显达时,志向也不能改。

42. 勇将不怯死以苟免,壮士不毁节而求生。——明·罗贯中《三国演义》第七十四回

【注释】

苟免:这里指苟且免除死亡。

【浅译】

勇将不因怕死而苟且偷安,壮士不以毁坏名节来求得生存。

43. 粉身碎骨浑不怕,要留清白在人间。——明·于谦《石灰吟》

【浅译】

即使粉身碎骨也毫不惧怕,甘愿把一身清白留在人世间。

44. 名节重泰山,利欲轻鸿毛。——明·于谦《无题》

【浅译】

名声与节操重如泰山,个人私利与欲望则轻如鸿毛。

45. 但愿苍生俱饱暖,不辞辛苦出山林。——明·于谦《咏煤炭》

【注释】

苍生：原指杂草丛生的地方，借指老百姓。

【浅译】

只是希望让天下的老百姓人人腹饱体暖，煤炭不辞辛苦走出深山老林，来到人间。

46. 大丈夫既以身许国家，许知己，惟鞠躬尽瘁而已，他复何言？——明·张居正《答上师相徐存斋》

【注释】

大丈夫：原为身材高大的男子，后指一身正气之人。许：献给。鞠躬尽瘁：指小心谨慎，竭尽全力。鞠躬，弯着身子，表示恭敬。尽瘁，竭尽劳苦。

【浅译】

大丈夫既然已经把自己整个人都许给了国家、许给了知己，那么只有勤勤恳恳竭尽全力奉献而已，其他还有什么可计较的？

47. 人寰尚有遗民在，大节难随九鼎沦。——明末清初·顾炎武《陈生芳绩两尊人先后即世，适皆以三月十九日，追痛之作，词旨哀恻，依韵奉和》

【注释】

人寰（huán）：人世间。寰，广大的地域。遗民：前朝遗留下来的百姓，此处为作者自指。九鼎：古代象征国家政权的传国之宝，因以指代国家。

【浅译】

人间还有前朝的遗民存在，其民族气节不能随着国家沦亡而丧失。

48. 千磨万击还坚劲，任尔东西南北风。——清·郑燮《竹石》

【说明】

郑燮,即郑板桥,字克柔,号理庵,又号板桥,人称板桥先生。江苏兴化人。清朝文学家、书画家,"扬州八怪"代表人物。

【浅译】

历经了千万次的磨砺和雷击雨打,石头和竹子依然坚硬强劲如初,任凭你东西南北狂风肆虐。(比喻君子受恶劣环境百般摧残仍从容淡定、节操不改。)

二、"义"——舍生取义

(一)先秦两汉篇

1.利者,义之和也。——《周易·乾》

【注释】

利:利益。义:道义。和:统一。

【浅译】

要得到利益,就要讲求与道义的统一。

2.国有四维,一维绝则倾,二维绝则危,三维绝则覆,四维绝则灭……何谓四维?一曰礼,二说义,三曰廉,四曰耻。——旧题春秋·管仲《管子·牧民》

【注释】

四维:系在渔网四角上的绳索,借助四维,网的纲(主绳)、目(网眼)才能提得起来。

【浅译】

国家有四维,缺了一维,国家就不稳;缺了两维,国家就危险;缺了三维,国家就倾覆;缺了四维,国家就会灭亡……什么是四维呢?一是礼仪,二是道义,三是正直品格,四是羞耻之心。

3. 多行不义必自毙。——《左传·隐公元年》

【注释】

毙:死。

【浅译】

不仁义的事情干多了,必然会自取灭亡。

4. 爱子,教之以义方,弗纳于邪。——《左传·隐公三年》

【说明】

此为春秋时期卫国大夫石碏(què)劝谏卫庄公之言。卫庄公不听劝谏,仍然溺爱儿子州吁(yù)。骄妄的州吁后来弑兄篡位,不得民心,最终招致杀身之祸。

【注释】

方:规矩。纳:使进入。

【浅译】

喜欢子女,应该用道义规矩去教导他,不要使他走上邪路。

5. 德义,利之本也。——《左传·僖公二十七年》

【浅译】

品德和道义是利益存在的根本。

6. 礼以行义,信以守礼,刑以正邪。——《左传·僖公二十八年》

【浅译】

建立礼仪制度,是为了保证道义的实行;倡导忠信,是为了保证对礼仪制度的遵守;制定法律,是为了匡正和制止邪恶行为。

7. 不义，神人弗助。——《左传·成公元年》

【浅译】

不以道义行事，神和人都不会帮助。

8. 名以出信，信以守器，器以藏礼，礼以行义，义以生利，利以平民，政之大节也。——《左传·成公二年》

【注释】

名：名号，爵号。器：祭器、车服等器物。平：平治，平定治理。

【浅译】

名号用来赋予人主威信，威信用来守护人主的器物，器物用来体现礼制，礼制用来推行道义，道义用来给民众谋取利益，利益用来治理民众，这是政事中的政治的要义。

9. 德以施惠，刑以正邪，详以事神，义以建利，礼以顺时，信以守物。——《左传·成公十六年》

【注释】

详：通"祥"，指用心精诚专一。

【浅译】

德行用来施予恩惠，刑罚用来匡正邪恶，精诚用来侍奉神明，道义用来建立利益，礼法用来顺应时宜，信誉用来守护事物。

10. 率义之谓勇。——《左传·哀公十六年》

【注释】

率：遵循，顺服。

【浅译】

遵循道义行事叫作勇敢。

11. 不义则利不阜，不祥则福不降，不仁则民不至。古之明王

不失此三德者，故能光有天下，而和宁百姓，令闻不忘。王其不可以弃之。——《国语·周语中》

【注释】

阜（fù）：本义是土山，这里指盛，多，大。祥：恭顺。令闻：美好的名声。

【浅译】

不讲道义则利益不会丰厚，不知恭顺则福瑞不会降临，不讲仁爱则民众不会来归顺。古代的英明君王不失去这三种德行，所以能有广大的疆域，使百姓和睦安宁，美好的名声至今令人不能忘怀。君王不可以背弃这些德行。

12. 言义必及利。——《国语·周语下》

【浅译】

谈论道义必然会涉及利益。

13. 丕郑曰："吾闻事君者，从其义，不阿其惑。惑则误民，民误失德，是弃民也。民之有君，以治义也。义以生利，利以丰民，若之何其民之与处而弃之也？必立太子。"——《国语·晋语一》

【注释】

丕郑：又作㔻郑、邳郑、邳郑父，春秋前期晋国卿大夫，晋献公之时拥护太子申生。惑：迷乱。

【浅译】

丕郑说："我听说侍奉国君的人，只能服从国君符合道义的决定，不应该迎合他的迷乱行为。国君迷乱则会误导百姓，百姓被误导则会失去道德，这实在是抛弃百姓啊。百姓之所以要有国君，是用他来确立道义的,道义是用来产生利益的,利益是用来使百姓富裕的,为什么百姓与他共处他却要抛弃他们呢?必须立申生为太子才对。"

14. 夫义者,利之足也;贪者,怨之本也。废义则利不立,厚贪则怨生。——《国语·晋语二》

【注释】

足:基础。

【浅译】

道义是利益的基础,贪利是怨恨的根源。废弃道义就谈不上获得利益,贪欲强烈怨恨就会产生。

15. 贪则民怨,反义则富不为赖。——《国语·晋语二》

【注释】

反义则富不为赖:不义而富必危,故不为利。赖,利也。

【浅译】

贪利则民众怨恨,背弃道义则富不为利。

16. 子曰:"君子之于天下也,无适也,无莫也,义之与比。"——《论语·里仁》

【注释】

适(dí):亲近,厚待。莫:冷淡,疏远。比:亲近,靠近。

【浅译】

孔子说:"君子对于天下的人和事,不会有特定的亲疏厚薄,只是按照义的标准去做。"

17. 子曰:"饭疏食饮水,曲肱而枕之,乐亦在其中矣。不义而富且贵,于我如浮云。"——《论语·述而》

【浅译】

孔子说:"吃粗粮,喝冷水,弯曲着胳膊做枕头,快乐也就在这当中了。用不正当的手段使自己富有而且尊贵,这对我来说就如同浮云一般。"

18. 见利思义,见危授命,久要不忘平生之言,亦可以为成人矣。——《论语·宪问》

【注释】

授:给予,此处指付出。要:"约"的假借字,穷困。成人:全人,指道德完美的人。

【浅译】

遇到利益便能想到道义,遇到危险便能付出生命,长久地处在穷困之中仍不忘记平日的诺言,也可以说是完美的人了。

19. 子问公叔文子于公明贾曰:"信乎,夫子不言,不笑,不取乎?"公明贾对曰:"以告者过也。夫子时然后言,人不厌其言;乐然后笑,人不厌其笑;义然后取,人不厌其取。"——《论语·宪问》

【注释】

公叔文子:卫国大夫公孙拔,卫献公之孙,谥号"文"。公明贾:姓公明,字贾,卫国人。以:用,指用以上这些话。夫子:文中指公叔文子。

【浅译】

孔子向公明贾问公叔文子说:"公叔文子先生不说,不笑,不取财利,是真的吗?"公明贾回答说:"这是传话的人说错了。公叔文子先生到该说的时候才说话,因此别人不厌恶他的话;高兴的时候才笑,因此别人不厌恶他的笑；利益符合道义时才取，因此别人不厌恶他的取。"

20．子曰："志士仁人，无求生以害仁，有杀身以成仁。"——《论语·卫灵公》

【浅译】

孔子说："志士仁人不会为了苟活而损害仁义，只会牺牲自己以成全仁义。"

21．子曰："君子义以为上，君子有勇而无义为乱，小人有勇而无义为盗。"——《论语·阳货》

【注释】

君子、小人：春秋早期及以前，"君子"与"小人"是专指社会身份而言的，没有道德评判的含义，"君子"指官僚贵族，"小人"指普通百姓。但是到了春秋末期的孔子时代，由于世袭的官僚贵族变得越来越坏，而新兴起的文人"士"阶层，虽然没有官位和权力，但却有学问，人品好，颇受世人敬重，所以他们也被称为"君子"，同时那些人品坏的人便被称为"小人"。如此，"君子"和"小人"对举就有了社会身份和道德评判的双重含义，这两种含义在当时并存使用并且前消后长。在《论语》中"君子""小人"对举出现了数十次，多数已是道德含义。此处第一个"君子"泛指品德高尚的人，后一个与"小人"对举的"君子"则是具体到社会身份而言的，指贵族。

【浅译】

孔子说："品德高尚的人以道义为最高标准，贵族如果只有勇敢而没有道义，就会犯上作乱；百姓如果只有勇敢而没有道义，就会做强盗。"

22. 孔子曰："行己有六本焉，然后为君子也。立身有义矣，而孝为本；丧纪有礼矣，而哀为本；战阵有列矣，而勇为本；治政有理矣，而农为本；居国有道矣，而嗣为本；生财有时矣，而力为本。置本不固，无务农桑；亲戚不悦，无务外交；事不终始，无务多业；记闻而言，无务多说；比近不安，无务求远。是故反本修迩，君子之道也。"——《孔子家语·六本》

【注释】

行己：立身处世。居国：使国家安居。道：法则，定例。嗣：子孙，此处指继承人。置：放置，处理。外交：指与外人的交往。反：通"返"，返回，回归。

【浅译】

孔子说："立身处世具备了六大根本，然后才能成为君子。立身有仁义，孝道是根本；治办丧事有礼节，哀痛是根本；作战布阵有行列，勇敢是根本；治理政事有条理，农业是根本；安定国家有定例，选好继承人是根本；创造财富有时机，辛勤经营是根本。根本处理得不牢固，就不能很好地从事农业活动；与亲戚都不能和睦相处，就不要致力于跟外人的交际；做事不能有始有终，就不要从事多种事业；道听途说的话，就不要多说；不能让近处安定，就不要去安定远方。因此回到事物的根本，从近处做起，是君子遵循的基本原则。"

23. 在上不骄，高而不危；制节谨度，满而不溢。高而不危，所以长守贵也；满而不溢，所以长守富也。富贵不离其身，然后能保其社稷，而和其民人。盖诸侯之孝也。《诗》云："战战兢兢，如临深渊，如履薄冰。"——《孝经·诸侯章》

【说明】

《孔子家语》孔安国序认为《孔子家语》"与《论语》《孝经》并时"（详见第一章"仁德"篇第10～11页第21条《孔子家语》首注）。据《吕氏春秋》引《孝经》文字而大致可推测出，《孝经》的成书，至迟不晚于公元前241年。孔安国序中认为《孔子家语》为"当时公卿士大夫及七十二弟子之所咨访交相对问言语也。既而诸弟子各自记其所问焉"，而纪昀在《四库全书总目》中认为《孝经》为孔子"七十子之徒之遗言"。综合诸说，本书暂将《孝经》排在《孔子家语》之后。

【浅译】

身居高位而不傲慢，地位再高也不易倾覆；控制节俭，谨守法度，财富再充裕也不至奢侈。处于高位而没有倾覆的危险，就能长久保持尊贵；财物充裕而不奢侈，就能长久保持富有。富有和尊贵不离身，然后才能保全自己的国家，使自己的人民和睦相处。这就是诸侯应尽的孝道啊。《诗经·小雅·小旻》说："战战兢兢，好像面临深渊，好像脚踏薄冰。"

24. 先王见教之可以化民也，是故先之以博爱，而民莫遗其亲；陈之以德义，而民兴行；先之以敬让，而民不争；导之以礼乐，而民和睦；示之以好恶，而民知禁。——《孝经·三才章》

【浅译】

先代圣明君主明白通过教育可以感化民众，所以率先实行博爱，民众就没有遗弃自己亲人的；向民众宣扬道德仁义，民众就会起而遵行；率先做到恭敬谦让，民众就不会争斗；用礼仪和音乐引导民众，民众就会和睦相处；将崇尚或厌弃之事展示给民众，民众就知道什么是禁止做的事了。

25. 义，志以天下为芬。——《墨子·经说上》

【注释】

芬（fèn）：职分。

【浅译】

义，就是立志把天下的事作为自己分内的事。

26. 行有四仪：一曰志动不忘仁；二曰智用不忘义；三曰力事不忘忠；四曰口言不忘信。慎守四仪，以终其身，名功之从之也，犹形之有影，声之有响也。——旧题　战国·尸佼《尸子·四仪》

【说明】

注译见第11～12页第23条。

27. 生，亦我所欲也；义，亦我所欲也。二者不可得兼，舍生而取义者也。——《孟子·告子上》

【浅译】

生命是我所喜欢的，大义也是我所喜欢的。如果这两种东西不能够同时拥有的话，我便舍弃生命而选择大义。

28. 穷不失义，达不离道。——《孟子·尽心上》

【浅译】

困窘失意时不丧失气节，显达富贵时不背离道义。

29. 非其有而取之，非义也。——《孟子·尽心上》

【浅译】

不该是自己的东西而索取它，是不义的。

30. 身既死兮神以灵，子魂魄兮为鬼雄。——战国·屈原《九歌·国殇》

【说明】

"子魂魄兮为鬼雄",一作"魂魄毅兮为鬼雄"。屈原为祭奠那些捐躯沙场、漂泊无依的勇士游魂而作《国殇(shāng)》(国殇,指为了捍卫国家而在战场上英勇牺牲的人)。

【浅译】

人虽然死了但精神永不泯灭,魂魄坚毅成为鬼中的英雄。

31. 志意修则骄富贵,道义重则轻王公;内省而外物轻矣。传曰:"君子役物,小人役于物。"此之谓矣。身劳而心安,为之;利少而义多,为之;事乱君而通,不如事穷君而顺焉。故良农不为水旱不耕,良贾不为折阅不市,士君子不为贫穷怠乎道。——战国·荀况《荀子·修身》

【注释】

折阅:商品减价销售,指亏本。

【浅译】

志向美好就会傲视富贵,把道义看得重就会藐视王公贵族;内心清明就不在意身外之物了。古书上说:"君子役使外物,小人被外物所役使。"说的就是这个道理啊。身体劳累而心安理得的事,就去做;利益少而道义多的事,就去做;侍奉昏乱的君主而显贵,不如侍奉陷于困境的君主而顺行道义。所以好的农夫不会因为水灾旱灾就不耕种,好的商人不会因为害怕亏本就不做生意,道德高尚的读书人不会因为生活贫苦政治困窘就怠慢道义。

32. 君子养心莫善于诚,致诚则无它事矣。唯仁之为守,唯义之为行。——战国·荀况《荀子·不苟》

【浅译】

君子修养身心没有比真诚更重要的了，做到了真诚，就没有其他事了。只要守住仁爱，只要奉行道义就行了。

33. 先义而后利者荣，先利而后义者辱。——战国·荀况《荀子·荣辱》

【浅译】

道义在先私利在后的人光荣，私利在先道义在后的人耻辱。

34. 君子之接如水，小人之接如醴。——《礼记·表记》

【注释】

接：接触，交往。醴（lǐ）：甜酒。

【浅译】

君子交朋友淡如白水，小人交朋友浓如甜酒。

35. 国耳忘家，公耳忘私，利不苟就，害不苟去，唯义所在。——西汉·贾谊（东汉·班固《汉书·贾谊传》）

【浅译】

为了国事而忘记家事，为了公事而忘记私事，有好处不随便求取，有害处不轻易回避，一切行为都要看是不是符合道义。

36. 义者，循理而行宜也；礼者，体情制文者也。义者宜也，礼者体也。——西汉·刘安《淮南子·齐俗训》

【浅译】

所谓"义"，就是遵循事理而行为适宜；所谓"礼"，就是为体现真实感情而制定的仪式。"义"的含义为适宜，"礼"的含义为体现情感。

37. 义者，心之养也；利者，体之养也。——西汉·董仲舒

《春秋繁露·身之养重于义》

【浅译】

义是人心灵的养分，利是身体的养分。

38. 义之法在正我，不在正人。——西汉·董仲舒《春秋繁露·仁义法》

【浅译】

义的法则在于端正自己，而不是端正别人。

39. 修身以为弓，矫思以为矢，立义以为的。奠而后发，发必中矣。——西汉·扬雄《法言·修身》

【注释】

矫：纠正。矢：箭。弓、箭在此处皆指手段、方法。的（dì）：箭靶子。此处指标的。中（zhòng）：命中。

【浅译】

将修养身心作为弓，将矫正思想作为箭，将建立道义作为箭靶。准备好后再放箭，发射必然命中箭靶。

40. 孔子曰："众好之，必察焉；众恶之，必察焉。"故圣人之施舍也，不必任众，亦不必专己，必察彼己之为，而度之以义，或舍人取己，故举无遗失而政无废灭也。——东汉·王符《潜夫论·潜叹》

【说明】

王符，字节信。安定临泾（今甘肃省镇原县东南）人。东汉政论家、文学家、思想家。

【注释】

施舍：指施惠与舍罪。任：由着，听凭。为：《群书治要》中作

"谓"，此处据《潜夫论笺校正》正作"为"。

【浅译】

孔子说："众人都喜欢他，一定要仔细考察详情；众人都厌恶他，也一定要仔细考察详情。"所以，圣人的施惠与舍罪，不一定听凭大众的意见，也不一定非由自己独自裁断，一定会综合考察自己和别人的看法，并用道义来衡量，或舍弃众人之说而独立判断，所以选拔贤才没有遗漏，执政没有过失。

41. 夫贤者之为人臣，不损君以奉佞，不阿众以取容，不堕公以听私，不挠法以吐刚。其明能照奸，而义不比党。——东汉·王符《潜夫论·潜叹》

【注释】

堕：旧作"惰"。挠：阻挠，扰乱。吐刚：畏惧强暴。

【浅译】

贤能的人做臣子，不损害君主的利益来奉承奸佞，不曲意迎合大众来取悦于人，不懈怠公事而谋取私利，不扰乱法纪而畏惧强暴。他们心地清明，能辨识奸邪，行端义正，不结党营私。

42. 有一言而可常行者，恕也；一行而可常履者，正也。恕者，仁之术也；正者，义之要也。——东汉·荀悦《申鉴·政体》

【注释】

恕：宽恕，是儒家的核心思想要素之一，主要体现为"己所不欲，勿施于人"。

【浅译】

有一个字可以经常奉行，就是"恕"；有一种行为可以经常践行，就是"正"。宽容，是施行仁爱的方法；正直，是遵循道义的要领。

43. 贪而弃义,必为祸阶。——东汉·鲁肃(西晋·陈寿《三国志·吴书·鲁肃传》裴松之注引《吴书》)

【说明】

鲁肃,字子敬。临淮东城(今安徽省定远县东南)人。曾为孙权策划天下大计,东汉末年杰出的战略家、外交家。

【注释】

贪:指贪婪,私欲强烈。阶:阶梯。

【浅译】

因私欲强烈而背弃道义,必定是招致灾祸的阶梯。

(二)魏晋南北朝篇

44. 仁者不以盛衰改节,义者不以存亡易心。——三国·魏·夏侯令女(西晋·陈寿《三国志·魏书·何晏传》裴松之注引皇甫谧《列女传》)

【说明】

注译见第16页第39条。

45. 笃始终于寒暑,虽危亡而不猜者,义人也。——东晋·葛洪《抱朴子·外篇·行品》

【注释】

不猜:不怀疑,指对上句所说的信念不动摇。

【浅译】

坚定的信念能始终贯穿于严寒酷暑,虽然身处危亡之中而不动摇,这种人是有道义的人。

46. 荀巨伯远看友人疾,值胡贼攻郡,友人语巨伯曰:"吾今死矣，子可去。"巨伯曰："远来相视，子令吾去，败义以求生，岂荀巨伯所行邪？"贼既至，谓巨伯曰："大军至，一郡尽空，汝何男子，而敢独止？"巨伯曰："友人有疾，不忍委之，宁以吾身代友人命。"贼相谓曰："我辈无义之人，而入有义之国。"遂班军而还，一郡并获全。——南朝宋·刘义庆《世说新语·德行》

【注释】

值：适逢。胡贼：指西北少数民族的入侵者。"胡"是古代对北方少数民族的统称。语（yù）：告诉。相视：探望你。相，起指代作用，此指你。败：毁坏。委：丢下，抛弃。

【浅译】

荀巨伯远道而来看望生病的友人，恰逢外寇来攻城，朋友对他说："我今天是快要死的人了，你还是赶快离开。"荀巨伯说："我远道而来探望你，你却让我离去，毁坏道义以求生存，这难道是我荀巨伯所应该做的吗？"敌人到来以后，对荀巨伯说："大军到来，一城全空，你是什么人，竟敢独自留下？"荀巨伯说："朋友生病，不忍心丢下他，我宁愿用我自己的生命代替朋友的生命。"匈奴人相互说道："我等没有道义的人，而进入了有道义的国土。"于是就带领手下撤退了，一城得以保全。

（三）隋唐五代宋辽金篇

47. 闻命而奔走者，好利者也；直己而行道者，好义者也。——唐·韩愈《上张仆射书》

【注释】

直己：自身守正不阿。

【浅译】

唯命是从的人，多是喜欢牟利的人；刚直不阿而努力践行大道的人，多是崇尚道义的人。

48. 不畏义死，不荣幸生。——唐·韩愈《张中丞传后叙》

【注释】

荣：以……为荣。幸：侥幸。

【浅译】

不惧怕为正义而死，不以侥幸得生为荣。

49. 君子义以为质，得义则重，失义则轻，由义为荣，背义为辱。——南宋·陆九渊《与郭邦逸》

【注释】

质：根本。

【浅译】

君子以道义为本，有道义则受尊重，丧失道义则被轻蔑，以遵循道义为荣耀，以背弃道义为耻辱。

50. 程子曰："君子未尝不欲利，但专以利为心，则有害。惟仁义，则不求利而未尝不利也。"——南宋·朱熹《四书章句集注·孟子集注·梁惠王章句上》

【注释】

程子：程颐（yí），程颢胞弟，字正叔，世称伊川先生。北宋理学家、哲学家、教育家。

【浅译】

程颐说："君子不是不想得到利益，但是专门把利益放在心上就有害了。如果只想着仁义，则不去追求利益而未尝没有利益。"

51. 有敬而无义不得,有义而无敬亦不得。——南宋·朱熹(南宋·黎靖德编《朱子语类·易·坤》)

【注释】

不得:不可以,指做不好。一说得不到。

【浅译】

有恭敬而没有道义是不可以的,有道义而没有恭敬也是不可以的。

【或译】

有恭敬之心而没有道义是做不好事情的,有道义而没有恭敬之心也是做不好事情的。

(四)元明清篇

52. 千日集义,禁不得一刻不慊于心,是以君子瞬存息养,无一刻不在道义上。其防不义也,如千金之子之防盗,惧馁之故也。——明·吕坤《呻吟语·存心》

【注释】

慊(qiè):满足,满意。瞬、息:分别为眨眼、呼吸之间,形容时间极短。馁(něi):饥饿。

【浅译】

即使千日从事义举,也禁不住片刻之间私欲的诱惑,所以君子时刻都要进行品德修养,没有一刻不遵循道义的。君子防止不义的行为,犹如富人防止盗贼,惧怕日后受穷挨饿一样。

53. 情爱过义,子孙之灾也。——明·吕坤《呻吟语·伦理》

【浅译】

对子孙的感情和喜爱超过了道义,是子孙的灾难。

54.钱财如粪土,仁义值千金。——明·冯梦龙《警世通言·桂员外途穷忏悔》

【浅译】

钱财如粪土一样没什么价值,仁心道义能值千金。

55.天下兴亡,匹夫有责。——明末清初·顾炎武《日知录·正始》

【注释】

匹夫:古代指平民中的男子,泛指平民百姓。

【浅译】

国家的兴盛或衰亡,每个普通人都有一份责任。

56.苟利国家生死以,岂因祸福避趋之。——清·林则徐《赴戍登程口占示家人》

【注释】

苟:如果,假如。生死以:"以生死"的倒装,"生死"是偏义复词"死"的意思,三字直译为"用死去换取"。祸福、避趋:也当为偏义复词"祸害""逃避"之义。

【浅译】

只要对国家有利,即使牺牲自己的生命也心甘情愿,怎能因为可能遭受祸害而逃避呢?

57.我自横刀向天笑,去留肝胆两昆仑。——清·谭嗣同《狱中题壁》

【注释】

横刀:横对着敌人的屠刀。去留:死去和留在人世。昆仑:横贯新疆、西藏并东延至青海中部的山脉名,形容高大。

【浅译】

面对着敌人的屠刀,我放声大笑;无论死去的还是活下来的,忠肝义胆都像昆仑山一样高大。

第三章 礼 敬

《说文解字》解"禮(礼)"为"履也,所以事神致福也。从示从豊(lǐ),豊亦声"。"禮"最初并无"示"旁,其本字为"豊"。甲骨文字形作"⚎合14625",金文字形作"⚎集成4261",从壴从两玉,古人常击鼓奉玉以成礼,故早期的"豊"字是以行礼之器代表"礼"。不过,也有人认为指用玉装饰的大鼓。战国楚文字作"⚎郭.五.31",篆文作"豊说文",字形讹为从壴。此外,因礼和祭祀活动关系密切,"豊"字又添加"示"旁而为"禮"字,简化字作"礼"。礼字后泛指表敬意而举行的仪式,亦指社会交往中的礼貌、礼节。"礼"是人们在长期的生活实践中约定俗成、共同认可的行为规范以及与之相适应的典章制度等。时至今日,"礼"仍是人际乃至国际交往中重要的行为准则。

《晏子春秋·内篇谏上第一》说得好,"凡人之所以贵于禽兽者,以有礼也",礼是人区别于动物的根本属性,更是人之为"人"的规定性。不仅如此,"礼"最迟在殷商时代已有了等级制度、伦理道德方面的意义,西周开始更将礼乐作为基本治国手段,并将礼之兴废作为国之治乱的重要标杆。从所谓"礼，经国家，定社稷，序民人，利后嗣者也"（《左传·隐公十一年》）、"为国以礼"（《论语·先进》）、"礼之可以为国也久矣"（《左传·昭公二十六年》）、"乐合同，礼别异"（《荀子·乐论》）、"国之命在礼"（《荀子·天论》）等言论，便可见其大概。

我国古代倡导以礼治国，甚至"以礼入法"。所谓"明刑弼教"，实质即以法律制裁的力量来维持礼，加强礼的合法性和强制性。"礼"的核心是社会关系，故而"礼"渗透在古代社会生活的方方面面，《礼记·曲礼上》称："道德仁义，非礼不成；教训正俗，非礼不备；分争辨讼，非礼不决；君臣上下、父子兄弟，非礼不定；宦学事师，非礼不亲；班朝治军，莅官行法，非礼威严不行；祷祠祭祀，供给鬼神，非礼不诚不庄。"今天看来，封建社会中强调等级身份差异的"礼"，是我们应该扬弃的；而作为待人接物、为人处世行为规范的"礼"，其本质是表示对他人的尊重和友善，蕴含着可贵的道德智慧和人文精神，是超越时代的，是需要我们传承并弘扬的。

"敬"，《说文解字》释为"肃也。从攴（pū）、苟（jì）"。学者或认为"敬"字的初字作"<图>甲2581"。季旭升先生认为该甲骨字形像人头戴着某种饰物，本义不明，当为某种人。释作"敬"之初文，或系假借。金文字形或加"口"而作"苟"，如西周中期班簋"<图>集成4341"。许慎释"苟"为"自急敕也"，此义后来衍生出了"警"字，正所谓"敬，警也，恒自肃警也"（《释名·释言语》）。金文字形又有加"攴"（或加"又"）者，如西周晚期师訇簋中的"<图>集成4324"、春秋晚期吴王光鉴"<图>集成10298"，"攴"字与动作有关，表现的意义有击打、驱使、鞭策等。战国的"敬"字虽承金文"从攴苟声"，如"<图>

^{帛乙10.4}","苟"已变为从羊（或像羊角之形）从人、口。篆文"苟_{说文}","苟"又形变为从羊省，从勹、口。学者认为，从羊，具有美善的象征意义，是恭敬仪态的整体表现；从勹，似身体前倾弯曲以表谦卑；从口，则指言语应对的谨慎。这一字形强调的正是"恭敬"之义。"敬"字后来虽较多使用恭敬义，但字根的自我警示之义确是融于其骨血的，所以说，在貌为恭，在心为敬。"敬"是一个人内心深处的肃己敬人意识，此即孔子所提倡的为人要"居敬而行简"（《论语·雍也》），做事要"慎始而敬终"（《礼记·表记》）。而《礼记·曲礼上》要求人们心中时刻都要秉持着"敬"字，做到"毋不敬，俨若思，安定辞"，将敬意融于一言一行当中，人与人互相尊重，这在我们积极构建和谐社会的今天仍具有着重要意义。

"礼敬"，指以合于礼仪的行为表示敬意。北齐颜之推《颜氏家训·慕贤》批评当时"世人多蔽，贵耳贱目，重遥轻近，少长周旋，如有贤哲，每相狎侮，不加礼敬"的不良社会风气，首次将"礼敬"并称，此后成为汉语常用复合词。中国自古被称为"礼仪之邦"，"守礼敬人"是我们传承千年的优良传统，"礼"的精神内核也早已融入我们的血脉之中，铸成我们的民族品格。

一、"礼"——礼尚往来

（一）先秦两汉篇

1. 投我以木瓜，报之以琼琚。匪报也，永以为好也！投我以木桃，报之以琼瑶。匪报也，永以为好也！投我以木李，报之以琼玖。匪报也，永以为好也！——《诗经·卫风·木瓜》

【注释】

投：投掷，这里是赠送的意思。报：回赠。琼琚（jū）、琼瑶、琼玖：皆指美玉。匪：通"非"，表示否定。

【浅译】

你将木瓜赠予我，我拿琼琚作回报。不是为了答谢你，是希望情意能永相好。你将木桃赠予我，我拿琼瑶作回报。不是为了答谢你，是希望情意能永相好。你将木李赠予我，我拿琼玖作回报。不是为了答谢你，是希望情意能永相好。

2.投我以桃，报之以李。——《诗经·大雅·抑》

【浅译】

别人赠送我桃子，我就回赠他李子。（比喻人与人之间要礼尚往来。）

3.衣冠不正，则宾者不肃；进退无仪，则政令不行。——旧题 春秋·管仲《管子·形势》

【浅译】

君主衣冠不端正，礼宾官就不会严肃；君主举动不合乎礼仪，政策法令就不容易施行。

4.仓廪实则知礼节，衣食足则知荣辱。——旧题 春秋·管仲《管子·牧民》

【注释】

廪（lǐn）：专指米仓，与储存谷物的库房"仓"并称，泛指粮仓。

【浅译】

粮仓盈满，百姓才懂得礼义和节操；衣食丰足，百姓才知道光荣和耻辱。

5. 礼不逾节，义不自进，廉不蔽恶，耻不从枉。故不逾节则上位安，不自进则民无巧诈，不蔽恶则行自全，不从枉则邪事不生。——旧题 春秋·管仲《管子·牧民》

【说明】

注译见第36～37页第1条。

6. 凡人之所以贵于禽兽者，以有礼也。——旧题 春秋·晏婴《晏子春秋·内篇谏上第二》

【说明】

晏婴，姬姓（一说子姓），名婴，字平仲。著名政治家、思想家、外交家。春秋时期齐国大夫，历任齐灵公、庄公、景公三朝。《晏子春秋》是一部记载晏婴言行和事迹的书，相传为晏婴撰，现在一般认为是后人集其言行而成。

【浅译】

人之所以比禽兽尊贵，是因为人能奉行礼。

7. 礼，经国家，定社稷，序民人，利后嗣者也。——《左传·隐公十一年》

【注释】

经：治理。社稷："社"是土神，"稷"是谷神，农业社会代指国家。

【浅译】

礼，可以用来治理国家，安定社稷，使百姓有秩序，有益于后世子孙。

8. 礼，身之干也；敬，身之基也。——《左传·成公十三年》

【浅译】

礼就像人的躯干，而敬就是人的根基。

9. 让，礼之主也。——《左传·襄公十三年》

【浅译】

谦让，是礼仪中最主要的。

10. 将求于人，则先下之，礼之善物也。——《左传·昭公二十五年》

【浅译】

将要对别人有所求，就要先谦卑，这是合于礼的好事。

11. 子曰："弟子入则孝，出则悌，谨而信，泛爱众，而亲仁。行有余力，则以学文。"——《论语·学而》

【注释】

弟子：一般有两种意义，一是指年纪较小为人弟和为人子的人；二是指学生。入、出：有两解，一是"入"指进入父母房间，"出"指走出父母房间，回到自己房间，因古代父子分住，兄弟同住，故入孝出悌。二是"入"指在家里，"出"指在外面学习。泛：广泛的意思。行有余力：指有闲暇时间。

【浅译】

孔子说："作为弟弟和儿子，进入父母房间要孝敬父母，走出父母房间要尊敬兄长，做事要谨慎小心，说话要守信誉，要博爱众人，亲近有仁德的人。践行这些之后还有余力的话，再学习文化知识。"

12. 礼之用，和为贵。——《论语·学而》

【浅译】

礼的运用，以和顺最为宝贵（或译以恰如其分、恰到好处最为可贵）。

13. 恭近于礼，远耻辱也。——《论语·学而》

【注释】

远：使之远离，避免。

【浅译】

恭敬的程度符合于礼，就可以避免蒙受耻辱。

14. 子曰："人而不仁，如礼何？人而不仁，如乐何？"——《论语·八佾》

【注释】

如……何：固定句式，可译为"把……怎么样"。

【浅译】

孔子说："作为一个人却没有仁爱之德，会怎样对待礼呢？作为一个人却没有仁爱之德，会怎样对待乐呢？"

15. 林放问礼之本。子曰："大哉问！礼，与其奢也，宁俭；丧，与其易也，宁戚。"——《论语·八佾》

【注释】

林放：春秋时期鲁国人，以知礼著称，曾向孔子问礼，或认为是季孙氏掌管礼乐的家臣，或认为是孔子学生。易：依《尔雅》解作"弛"，即铺张，隆重。另有解为简易或周到者，恐不妥。戚：心中悲伤。

【浅译】

林放问什么是礼的根本。孔子说："你问的问题太重要了。就礼仪的一般情况而言，与其铺张奢华，不如简朴节俭；就丧事而言，与其仪式隆重，不如真正悲伤。"

16. 子曰："夏礼，吾能言之，杞不足征也；殷礼，吾能言

之，宋不足征也。文献不足故也。足，则吾能征之矣。"——《论语·八佾》

【注释】

杞：春秋时国名，是夏禹的后裔，在今河南杞县一带。征：证明。宋：春秋时国名，是商汤的后裔，在今河南商丘一带。文献：典籍和熟知文化掌故的贤人。文，指历史典籍；献，指贤人。

【浅译】

孔子说："夏朝的礼，我能说出来，（但它的后代）杞国不足以证明我的话；殷朝的礼，我能说出来，（但它的后代）宋国不足以证明我的话。这都是由于文献资料和贤人不足的缘故。如果充足的话，我就可以用来作证了。"

17. 子入太庙，每事问。或曰："孰谓鄹人之子知礼乎？入太庙，每事问。"子闻之，曰："是礼也。"——《论语·八佾》

【注释】

太庙：君主的祖庙。鲁国太庙，即鲁国始祖周公之庙。周公，姓姬，名旦。周文王之子，周武王弟弟，西周初年执政大臣，我国完备礼乐典章制度制定者，孔子心目中的道德完人。鄹（zōu）：春秋时鲁国地名，又写作"陬"，在今山东曲阜附近。因孔子的父亲叔梁纥做过陬邑长，故"鄹人之子"指孔子。

【浅译】

孔子到了太庙，每件事都要问问。有人说："谁说孔子懂得礼呀？他到了太庙里，什么事都要问别人。"孔子听到后说："这就是礼呀！"

18. 子贡欲去告朔之饩羊。子曰："赐也！尔爱其羊，我爱其

礼。"——《论语·八佾》

【注释】

告朔：古代礼仪制度，天子每年秋冬之际，把第二年的历书颁发给诸侯，称"颁告朔"，诸侯则在每月初一日到来前的半夜杀一只活羊做祭品去告祭祖庙，称"告朔"。朔，农历每月初一为朔日。饩（xì）羊：祭祀用的活羊。赐：端木赐，字子贡，春秋末年卫国人。子贡利口巧辞且办事通达，为孔子得意门生，被孔子称为"瑚琏之器"。"赐"为名，"子贡"为字，孔子自称或叫学生都称名不称字。爱：怜惜，同情。

【浅译】

子贡想去掉每月初一日告祭祖庙用的活羊。孔子说："赐，你爱惜那只羊，我却爱惜那个礼。"

19. 子曰："事君尽礼，人以为谄也。"——《论语·八佾》

【浅译】

孔子说："完完全全地按照周礼的规定去侍奉君主，别人却以为这是在谄媚。"

20. 定公问："君使臣，臣事君，如之何？"孔子对曰："君使臣以礼，臣事君以忠。"——《论语·八佾》

【注释】

定公：鲁定公，姓姬，名宋，为春秋诸侯国鲁国第二十五任君主。

【浅译】

鲁定公问孔子："君主怎样使唤臣下，臣子怎样侍奉君主呢？"孔子回答说："君主应该按照礼的要求去使唤臣子，臣子应该用忠诚来侍奉君主。"

21. 子曰："居上不宽，为礼不敬，临丧不哀，吾何以观之

哉?"——《论语·八佾》

【浅译】

孔子说:"居于执政地位的人,不能宽厚待人,行礼的时候不恭敬,参加丧礼时也不悲哀,这种情况我怎么能看得下去呢(或译:我还凭什么来观察这种人呢)?"

22. 子曰:"能以礼让为国乎?何有?不能以礼让为国,如礼何?"——《论语·里仁》

【浅译】

孔子说:"能够用礼让来治理国家吗?这有什么困难呢?不能以礼让治理国家,又怎样对待礼仪呢?"

23. 子曰:"君子博学于文,约之以礼,亦可以弗畔矣夫!"——《论语·雍也》

【注释】

约:约束。一说简要。畔:通"叛",背离。

【浅译】

孔子说:"君子广泛地学习文化知识,并且用礼来约束自己,也就可以不离经叛道了啊!"

24. 恭而无礼则劳,慎而无礼则葸,勇而无礼则乱,直而无礼则绞。——《论语·泰伯》

【注释】

葸(xǐ):胆怯,害怕。绞:急也。一说刺也。这里指说话尖刻。

【浅译】

一味恭敬而不用礼来做指导就会疲劳,小心谨慎而不用礼来做指导就会胆怯,勇敢无畏而不用礼来做指导就会作乱,心直口快而不用礼来做指导就会尖刻伤人。

25. 子曰："麻冕，礼也；今也纯，俭，吾从众。拜下，礼也；今拜乎上，泰也。虽违众，吾从下。"——《论语·子罕》

【注释】

麻冕：麻布制成的礼帽。纯：丝绸，黑色的丝。俭：俭省，麻冕费工，用丝则俭省。拜下：拜于下，大臣面见君主前，先在堂下跪拜。泰：这里指骄纵、傲慢。

【浅译】

孔子说："用麻布制成的礼帽，符合礼的规定；现在大家都用黑丝绸制作，这样比过去节省了，我赞成大家的做法。臣子见国君先要在堂下跪拜（然后再到堂上跪拜），这也是合于礼的；现在大家都直接到堂上跪拜，这是傲慢的表现。我的做法虽然与大家相违背，但还是坚持先在堂下跪拜。"

26. 子曰："先进于礼乐，野人也；后进于礼乐，君子也。如用之，则吾从先进。"——《论语·先进》

【注释】

先进：指先学习礼乐而后做官的人。野人：田野之人，指平民。后进：指先靠世袭做官而后学习礼乐的人。君子：这里特指当时承袭父荫的卿大夫子弟。

【浅译】

孔子说："先学习礼乐而后再做官的人，是没有爵禄的平民；先世袭做官而后才学习礼乐的人，是卿大夫的子弟。如果要我选用人才，我则选用先学习礼乐的平民。"

27. 颜渊问仁。子曰："克己复礼为仁。一日克己复礼，天下归仁焉。为仁由己，而由人乎哉？"颜渊曰："请问其目。"子曰："非礼勿视，非礼勿听，非礼勿言，非礼勿动。"颜渊曰："回虽不敏，请事斯语矣。"——《论语·颜渊》

【说明】

注译见第9～10页第16条。

28. 子曰："礼云礼云，玉帛云乎哉？乐云乐云，钟鼓云乎哉？"——《论语·阳货》

【说明】

礼以敬为重，玉帛只是礼的文饰，用来表达敬意而已。乐主于和，钟鼓只是乐器而已。"礼""乐"精神的实质是"敬"与"和"，不应徒具形式。

【浅译】

孔子说："礼呀礼呀，说的只是（奉送或敬献）玉器丝帛吗？乐呀乐呀，说的只是（鸣奏）钟鼓乐器吗？"

29. 君子三年不为礼，礼必坏；三年不为乐，乐必崩。——《论语·阳货》

【浅译】

君子三年不讲求礼义，礼义必然败坏；三年不演奏音乐，音乐就会荒废。

30. 不知礼，无以立也。——《论语·尧曰》

【浅译】

不懂得礼仪，就无法在社会上立身。

31. 其交也以道，其接也以礼。——《孟子·万章下》

【浅译】

要以道义交友,要以礼仪待人接物。

32. 以礼为翼者,所以行于世也。——《庄子·内篇·大宗师》

【浅译】

用礼仪作为辅助的人,才能够立身于社会。

33. 遇君则修臣下之义,遇乡则修长幼之义,遇长则修子弟之义,遇友则修礼节辞让之义,遇贱而少者则修告导宽容之义。无不爱也,无不敬也,无与人争也,恢然如天地之苞万物。——战国·荀况《荀子·非十二子》

【注释】

修:学习。恢然:广大的样子。苞:通"包",容纳,囊括。

【浅译】

面对君主就要学习做臣子的道义,面对乡亲就学习长幼之间的道德标准,面对父母兄长就学习子弟的规矩,面对朋友就学习礼节谦让的行为规范,面对地位卑贱而年纪又小的人就学习教导宽容的原则。无所不爱,无所不敬,从不与人争利益,心胸宽广得就像天地包容万物那样。

34. 礼者,人道之极也。然而不法礼,不足礼,谓之无方之民;法礼,足礼,谓之有方之士。礼之中焉能思索,谓之能虑;礼之中焉能勿易,谓之能固。能虑能固,加好者焉,斯圣人矣。——战国·荀况《荀子·礼论》

【注释】

足:充分掌握,或解作重视。方:规矩,原则。中(zhòng):正中目标,这里可理解为遵循。易:改易,动摇。加好者焉:一作"加好之者焉"。

【浅译】

礼,是人类道义的最高准则。不遵循礼,不重视礼,就叫作没有原则的常人;遵循礼,重视礼,就叫作有原则的士人。遵循礼而又能用礼指导思考,这叫作能谋虑;遵循礼而又能坚持不动摇,这叫作坚定。既善谋虑,又能坚定,再加上爱好礼,这就是圣人了。

35. 故乐行而志清,礼修而行成。——战国·荀况《荀子·乐论》

【注释】

志清:心志清明。行成:德行养成,美行修成。

【浅译】

所以音乐的推行会使人们的心志清明,礼的修养会使人们的德行完善。

36. 若夫有道之士,必礼必知,然后其智能可尽。——秦·吕不韦《吕氏春秋·有始览·谨听》

【注释】

若夫:开头语。

【浅译】

对于有道德修养的人,一定要依礼相待,一定要了解他们,然后他们的智慧才能充分发挥出来。

37. 安上治民,莫善于礼。——《孝经·广要道章》

【注释】

治:太平,安定。

【浅译】

使君主安心，百姓安宁，没有比用礼制更好的了。

38. 夫礼者，所以定亲疏，决嫌疑，别同异，明是非也。——《礼记·曲礼上》

【浅译】

礼，是用来确定人的亲疏关系、决断事情的嫌疑、区别物类的同异、辨明道理的是非的。

39. 礼不逾节，不侵侮，不好狎。——《礼记·曲礼上》

【注释】

逾：逾越。狎（xiá）：亲近而态度不庄重。

【浅译】

遵守礼，不逾越应守的规范，不侵犯侮辱他人，不戏谑轻薄他人。

40. 修身践言，谓之善行。行修言道，礼之质也。——《礼记·曲礼上》

【浅译】

修养自身的德行，践行自己的诺言，就叫完美的品行。行为有修养，说话符合道义，这就是礼的本质。

41. 道德仁义，非礼不成；教训正俗，非礼不备；分争辨讼，非礼不决；君臣上下、父子兄弟，非礼不定；宦学事师，非礼不亲；班朝治军，莅官行法，非礼威严不行；祷祠祭祀，供给鬼神，非礼不诚不庄。是以君子恭敬、撙节、退让以明礼。——《礼记·曲礼上》

【注释】

莅（lì）官：任官。撙（zǔn）节：抑制，节制。

【浅译】

道德仁义，没有礼就不能实现；用教化和训导来端正民俗，如果没有礼，就不能完备；分辨争讼的是非曲直，如果没有礼，就无法决断；君臣、上下、父子、兄弟，如果没有礼，就不能确定名分；学习做官、侍奉老师，如果没有礼，就不会亲近；排列朝廷上的班位，整治军队中的秩序，就任官职，施行法令，如果没有礼，就会失去威严；祈祷祭祀，供养鬼神，如果不按一定的礼仪进行，就会显得不虔诚、不庄严。因此，君子恭敬、节制、退让，以使礼仪彰明。

42. 是故圣人作，为礼以教人，使人以有礼，知自别于禽兽。——《礼记·曲礼上》

【浅译】

所以圣人制定礼，根据礼来教化人，使人人懂礼讲礼，才知道自己与禽兽有别。

43. 礼尚往来，往而不来，非礼也；来而不往，亦非礼也。——《礼记·曲礼上》

【注释】

尚：重在。

【浅译】

礼节重在相互来往，有往无来，不符合礼节；有来无往，也不符合礼节。

44. 人有礼则安，无礼则危。故曰：礼者，不可不学也。——《礼记·曲礼上》

【浅译】

做人讲礼仪就能够安身，不讲礼仪就会危险。所以说：礼仪，是不能不学习的。

45. 富贵而知好礼，则不骄不淫；贫贱而知好礼，则志不慑。——《礼记·曲礼上》

【注释】

慑：恐惧，怯懦。

【浅译】

身处富贵而知道喜好礼仪，就能做到不骄傲不放荡；身处贫贱而知道喜好礼仪，则意志坚定，不怯懦。

46. 谋于长者，必操几杖以从之。长者问，不辞让以对，非礼也。——《礼记·曲礼上》

【浅译】

凡向长者求教，必搬椅凳递拐杖跟在身旁。长者有所问，不先谦让便回答，则不符合礼。

47. 凡为人子之礼，冬温而夏清，昏定而晨省，在丑夷不争。——《礼记·曲礼上》

【注释】

清（qìng）：使凉爽。省（xǐng）：察看，这里指问候。丑夷：犹侪（chái）辈，即同辈。丑，众也。夷，犹侪也。

【浅译】

凡是做子女的都要做到的礼，冬天让父母过得温暖，夏天让父母过得凉爽；晚上侍候他们睡定，早上前去向他们请安；不和同辈争利益。

48. 凡三王教世子必以礼乐。乐，所以修内也；礼，所以修外也。礼乐交错于中，发形于外，是故其成也怿，恭敬而温文。——《礼记·文王世子》

【注释】

世子：古代天子、诸侯的嫡长子或儿子中继位的人。修内：修养内心的性情。修外：约束外在行为。怿（yì）：欢喜。

【浅译】

夏商周三代的君王在教育太子时，一定要用礼乐。音乐是用来陶冶内在性情的，礼仪是用来约束外在行为的。礼乐互相渗透于心，表现于外，所以太子才能快乐地成长，貌恭心敬而又温文尔雅。

49. 故圣人以礼示之，故天下国家可得而正也。——《礼记·礼运》

【浅译】

所以圣人用礼来昭示天下，而天下国家才能够步入正道。

50. 故君子有礼，则外谐而内无怨。——《礼记·礼器》

【浅译】

所以君子有礼，便不仅能与外部的人和谐相处，还能与内部的人相安无事。

51. 忠信，礼之本也；义理，礼之文也。——《礼记·礼器》

【注释】

文：指表现形式。

【浅译】

忠诚守信是礼的本质，经义道理是礼的外在形式。

52. 乐由中出，礼自外作。乐由中出，故静；礼自外作，故文。大乐必易，大礼必简。——《礼记·乐记》

【注释】

静：安静，这里指潜移默化的影响。文：指形成礼仪制度。

【浅译】

乐是从内心发出的，礼是从外部表现的。因为乐从内心发出，所以潜移默化；因为礼从外部表现，所以形成制度。最高级的乐一定是平易的，最隆重的礼一定是简朴的。

53. 故朝觐之礼，所以明君臣之义也。聘问之礼，所以使诸侯相尊敬也。丧祭之礼，所以明臣子之恩也。乡饮酒之礼，所以明长幼之序也。婚姻之礼，所以明男女之别也。夫礼，禁乱之所由生，犹坊止水之所自来也。——《礼记·经解》

【注释】

朝觐（jìn）：臣子朝见君主。聘问：各诸侯之间互相访问。坊：同"防"，堤防。

【浅译】

臣子朝见君主的朝觐之礼，是用来彰明君臣名分的。诸侯之间互相访问的聘问之礼，是用来让诸侯互相尊敬的。丧葬祭祀之礼，是用来表达臣下或子孙的感恩之情的。乡间的饮酒之礼，是用来明确长辈晚辈次序的。婚姻之礼，是用来区分男女之别的。礼仪，是从源头上制止混乱的发生，就像堤防可以阻止洪水泛滥那样。

54. 故礼之教化也微，其止邪也于未形，使人日徙善远罪而不自知也，是以先王隆之也。《易》曰："君子慎始。差若毫厘，缪以千里。"此之谓也。——《礼记·经解》

【注释】

微：不明。

【浅译】

所以礼的教化作用是在看不到的地方，它禁止邪恶于未发生之前，使人每天在不知不觉中走近善良远离邪恶，因此，先代君王都尊崇礼的教化作用。《周易》说："君子谨慎对待事物的开头。开头若有一毫一厘的偏差，结果就会有千里之远的错谬。"说的就是这个道理。

55. 君子尊德性而道问学，致广大而尽精微，极高明而道中庸，温故而知新，敦厚以崇礼。——《礼记·中庸》

【注释】

道：由也，指经由。

【浅译】

君子尊崇自然至诚的本性而又要经由学习来培养，达到宽广博大的境界而又能穷尽精细微小之处，极尽高明之德而又能通达中庸之理，不断温习旧的知识而又能从中获得新的体会、理解，诚朴宽厚而又崇尚礼义。

56. 敬慎重正，而后亲之，礼之大体，而所以成男女之别，而立夫妇之义也。男女有别，而后夫妇有义；夫妇有义，而后父子有亲；父子有亲，而后君臣有正。故曰："昏礼者，礼之本也。"——《礼记·昏义》

【注释】

昏：古同"婚"。

【浅译】

通过敬慎郑重的婚礼，而后夫妇相亲近，这是婚礼的基本原则，从而确定了男女的区别，建立起夫妇间的情义。男女有区别，而后夫妇间有情义；夫妇有情义，而后父子有亲情；父子有亲情，而后君臣关系才能端正。因此说："婚礼是各种礼的根本。"

57. 故制礼义，行至德，而不拘于儒墨。——西汉·刘安《淮

南子·齐俗训》

【浅译】

所以说，制定礼义是为了推行最高的道德规范，并不拘泥于儒墨两家的道德伦理。

58. 民无廉耻，不可治也，非修礼义，廉耻不立。民不知礼义，法弗能正也，非崇善废丑，不向礼义。无法不可以为治也，不知礼义不可以行法。法能杀不孝者，而不能使人为孔、曾之行；法能刑窃盗者，而不能使人为伯夷之廉。——西汉·刘安《淮南子·泰族训》

【注释】

曾：即曾子。伯夷：商朝末年孤竹国国君长子，以正直著称，曾与其弟叔齐互让君位，叩马谏阻武王伐纣，因拒食周粟而饿死于首阳山。廉：堂屋的侧边，引申为品行方正。

【浅译】

民众如果没有廉耻之心，就无法治理他们；如果不修治礼义，廉耻之心就无法树立起来。民众不知礼义，法令也无法使他们走正道。不推崇好的风尚、废除丑恶现象，人们就不会遵循礼义。没有法令就难以治理国家，而人们不懂礼义，有法令也无法推行。法律能将不孝之人处死，却不能使人们拥有孔子、曾子那样的孝行；法律能惩治偷盗者，但却不能使人像伯夷那样正直廉洁。

59. 大行不顾细谨，大礼不辞小让。——西汉·司马迁《史记·项羽本纪》

【注释】

大行：干大事。细谨：细枝末节，谨小慎微。不辞：不躲避。让：责备。或释为古代的一种礼节,举手平衡状。又或释为谦让。

【浅译】

做大事的人不拘泥于小节,有大礼节的人不避讳小的责备。

60. 里谚曰:"让礼一寸,得礼一尺。"斯合经之要矣。——东汉·曹操《礼让令》

【浅译】

民间谚语说:"礼让别人一寸,就会得到别人礼让一尺。"这是合乎经典要义的。

(二)魏晋南北朝篇

61. 观古今文人,类不护细行,鲜能以名节自立。——三国·魏·曹丕《与吴质书》

【注释】

鲜:少见。

【浅译】

纵观古今文人,大多不拘小节,很少有能以名誉和节操立身的。

62. 夫仁义礼制者,治之本也;法令刑罚者,治之末也。无本者不立,无末者不成。——西晋·袁准《袁子正书·礼政》(见于唐·魏徵等《群书治要》)

【说明】

袁准,字孝尼。陈郡扶乐(今河南省太康县)人。魏晋时期官员,以儒学知名,著有《袁子正论》《袁子正书》等。

【浅译】

仁义礼制,是治理国家的根本;法令刑罚,是治理国家的末梢。没有根本就不能立国，没有末梢就不能有所建树。

63. 人之有礼，犹鱼之有水也。——东晋·葛洪《抱朴子·外篇·讥惑》

【浅译】

人有了礼仪，就像鱼儿有了水一样。

（三）隋唐五代宋辽金篇

64. 仁者好礼，不欺其心也。智者示愚，不显其心哉。——隋·王通《止学》

【浅译】

有仁爱之德的人喜好礼仪，是不愿欺骗他的良心。有智慧的人表现出愚钝，是不想暴露他的思想。

65. 礼之大本，以防乱也。——唐·柳宗元《驳复仇议》

【浅译】

礼的根本作用是为了防止人们作乱。

66. 礼贵从宜，事难泥古。——北宋·王安石《乞皇帝御正殿复常膳表》

【注释】

从宜：遵从适当。宜，适当。泥（nì）古：拘泥于古制。

【浅译】

礼制最宝贵的是适用于时代需要，做事不可拘泥于古制。

67. 礼之至者无文，哀之深者无节。——北宋·苏轼《赐文武百寮太师文彦博以下上第一表请举乐不允批答》

【注释】

至：极，最。文：此指礼节仪式。节：法度。

【浅译】

礼的最高境界是没有一定的仪式，哀悼的最深意蕴是没有一定的法度。

68. 为人子，方少时。亲师友，习礼仪。——南宋·王应麟《三字经》

【说明】

王应麟，字伯厚，号深宁居士，又号厚斋。庆元府鄞县（今浙江省宁波市鄞州区）人。南宋著名学者、教育家、政治家。为官历经南宋三朝，博学多才，对经史子集、天文地理都有研究，著有《三字经》《困学纪闻》《玉海》等。

【浅译】

为人儿女，小时候要亲近老师和朋友，以便从他们那里学习到礼仪知识。

（四）元明清篇

69. 处己接物，事上使下，皆当以敬为主。——明·薛瑄《读书录》卷六《〈阴符经〉杂言终》

【注释】

处己：对待自己。主：准则。

【浅译】

对待自己，与人交往，服务上级，领导下属，都应当以礼敬为准则。

70. 千里送鹅毛，礼轻人意重。——明·徐渭《青藤山人路史》

【浅译】

跑到千里之外赠送一根鹅毛，礼物虽然轻微，但情意深重。

71. 待富贵人，不难有礼，而难有体；待贫贱人，不难有恩，而难有礼。——明·陈继儒《小窗幽记·集醒》

【说明】

陈继儒，字仲醇，号眉公、麋公。松江府华亭(今上海市松江区)人。明朝文学家、书画家。《小窗幽记》，一名《醉古堂剑扫》，十二卷。另一说是明代陆绍珩所著，生平不详。

【浅译】

对待富贵的人不难做到有礼，而难做到有体面；对待贫贱的人，不难做到施恩，而难做到有礼。

72. 待小人不难于严，而难于不恶；待君子不难于恭，而难于有礼。——明·洪应明《菜根谭》

【说明】

洪应明，字自诚，号还初道人。大致生活于明神宗万历年间，籍贯、生平均不详。明代思想家、学者。著有《菜根谭》《仙佛奇踪》等。《菜根谭》是以处世思想为主的格言式小品文集，采用语录体。

【注释】

不恶（wù）：不憎恶，不讨厌。

【浅译】

对待小人，态度严厉并不困难，难的是不憎恶他们；对待君子，态度恭敬并不困难，难的是对他们有礼有节。

73. 老不拘礼,病不拘礼。——清·吴敬梓《儒林外史》第十二回

【浅译】

老年人和病人不必拘泥礼节。

74. 礼有经,亦有权。——清·吴敬梓《儒林外史》第四回

【注释】

权:权变,变通。

【浅译】

礼要有常规,也要有变通。

二、"敬"——恭而敬之

(一)先秦两汉篇

1. 子谓子产:"有君子之道四焉:其行己也恭,其事上也敬,其养民也惠,其使民也义。"——《论语·公冶长》

【注释】

子产:姓公孙名侨,字子产。郑国大夫、正卿,郑穆公的孙子,为春秋时期的郑国贤相。

【浅译】

孔子评论子产说:"他有君子的四种品德:自身行为是谦恭的,侍奉君主是崇敬尽心的,养护百姓有恩惠,役使百姓讲道义。"

2. 子曰:"晏平仲善与人交,久而敬之。"——《论语·公冶长》

【浅译】

孔子说:"晏平仲善于和别人交朋友,相交越久,别人越敬重他。"

3. 司马牛忧曰:"人皆有兄弟,我独亡。"子夏曰:"商闻之矣:死生有命,富贵在天。君子敬而无失,与人恭而有礼,四海之内,皆兄弟也。君子何患乎无兄弟也?"——《论语·颜渊》

【注释】

司马牛:孔子弟子,子姓,司马氏,名耕(一名犁),字子牛。春秋末期宋国人。《史记·仲尼弟子列传》提到过他,说他"多言而躁"。亡:通"无"。商:卜商,字子夏,又称卜子、卜子夏。孔子弟子,春秋末期卫国人(一说晋国温人),以"文学"著称。

【浅译】

司马牛忧愁地说:"别人都有兄弟,唯独我没有。"子夏说:"我听说:死生有命,富贵在天。君子只要对待所做的事情严肃认真,不出差错,对人恭敬而合于礼,那么,天下人就都是兄弟了。君子何愁没有兄弟呢?"

4. 居处恭,执事敬,与人忠,虽之夷狄不可弃也。——《论语·子路》

【注释】

夷:我国东方少数民族名。狄:我国北方少数民族名。

【浅译】

日常起居严谨谦恭,工作敬慎认真,和人交往忠心诚恳,这些品质虽然到了未开化的少数民族地区,也不可背弃。

5. 言忠信,行笃敬。虽蛮貊之邦,行矣。——《论语·卫灵公》

【注释】

笃（dǔ）：忠实，一心一意。蛮：古代对南方少数民族的泛称。貊（mò）：古代对北方少数民族的泛称。

【浅译】

说话忠诚可靠，行为敦厚严谨。即使到了未开化的少数民族地区，也行得通。

6. 子曰："事君，敬其事而后其食。"——《论语·卫灵公》

【浅译】

孔子说："侍奉君主，认真工作而把拿俸禄的事放后面。"

7. 孔子曰："君子有九思：视思明，听思聪，色思温，貌思恭，言思忠，事思敬，疑思问，忿思难，见得思义。"——《论语·季氏》

【浅译】

孔子说："君子有九种要思考的事：看的时候，要思考看明白了没有；听的时候，要思考听懂了没有；自己的脸色，要思考是否温和；自己的形象，要思考是否谦恭；说话的时候，要思考是否忠诚；办事的时候，要思考是否严肃认真；有疑问的时候，要思考是否应该向别人请教；愤怒的时候，要思考是否有后患；遇到利益的时候，要思考是否合乎道义。"

8. 子张曰："士见危致命，见得思义，祭思敬，丧思哀，其可已矣。"——《论语·子张》

【注释】

子张：孔子弟子，复姓颛孙，名师，字子张。春秋末期陈国人。出身微贱，且犯过罪行，经孔子教育成为"显士"。

【浅译】

子张说:"读书人遇见危险时能献出生命,遇到利益时能思考是否符合道义,祭祀时能思考是否严肃恭敬,居丧时能思考是否悲痛哀伤,这样就可以了。"

9.孔子遂言曰:"昔三代明王,必敬妻子也,盖有道焉。妻也者,亲之主也;子也者,亲之后也,敢不敬与?是故君子无不敬。敬也者,敬身为大;身也者,亲之支也,敢不敬与?不敬其身,是伤其亲;伤其亲,是伤本也;伤其本,则支从之而亡。三者,百姓之象也。身以及身,子以及子,妃以及妃,君以修此三者,则大化忾乎天下矣,昔太王之道也。如此国家顺矣。"——《孔子家语·大婚解》

【注释】

遂:于是。亲:宗亲,指宗族。百姓之象:此指百姓会按照国君的做法去做。象,形貌,样子。(旧注:"言百姓之所法而行。")忾(xì):遍及。太王:即古公亶(dǎn)父,周文王的祖父,古代周族领袖。

【浅译】

孔子于是说:"从前夏商周三代圣明的君主治理政事,必定敬重他们的妻子,这是有道理的。妻子是照顾父母、相夫教子的主妇,儿子是宗族的后代,能不敬重吗?所以君子对妻子、儿女没有不敬重的。敬这件事,敬重自身最为重要;自身,是宗族的分支,能够不敬重吗?不敬重自身,就是伤害了宗族;伤害宗族,就是伤害了根本;伤害了根本,宗族分支就要随之而亡。妻子、儿女、自身这三者,百姓和君主一样拥有,自然会效法君主。珍重自身推及珍重百姓,亲爱儿女推及亲爱百姓的儿女，尊重妻子推及尊重百姓的妻子，君主能做好这三样，那么教化就遍及天下了，这是从前太王实行的治国方法。如此，国家就兴顺了。"

10. 子曰："爱亲者，不敢恶于人；敬亲者，不敢慢于人。爱敬尽于事亲，而德教加于百姓，刑于四海，盖天子之孝也。《甫刑》云：'一人有庆，兆民赖之。'"——《孝经·天子章》

【注释】

亲：指父母。《甫刑》：即《尚书·周书·吕刑》篇。刑，通"型"，法则，模范。一人有庆，兆民赖之：天子一人有善行，天下万民都仰赖他。一人，指天子。庆，善事，此处专指爱敬父母的孝行。兆，古代指万亿，后指百万。

【浅译】

孔子说："天子如果是个亲爱父母的人，就不敢厌恶别人的父母；天子如果是个孝敬父母的人，就不敢轻慢别人的父母。天子能以爱敬之心竭尽全力去侍奉父母，将这种德行教化推行到百姓身上，为天下人民做出典范，这就是天子的孝道。《尚书·周书·吕刑》里说：'天子一人有善行，天下万民都仰赖他。'"

11. 先王见教之可以化民也，是故先之以博爱，而民莫遗其亲；陈之以德义，而民兴行；先之以敬让，而民不争；导之以礼乐，而民和睦；示之以好恶，而民知禁。——《孝经·三才章》

【说明】

浅译见第60页第24条。

12. 子曰："教民亲爱，莫善于孝。教民礼顺，莫善于悌。移风易俗，莫善于乐。安上治民，莫善于礼。礼者，敬而已矣。故敬

其父则子悦，敬其兄则弟悦，敬其君则臣悦，敬一人而千万人悦。所敬者寡，而悦者众，此之谓要道也。"——《孝经·广要道章》

【注释】

悌（tì）：尊敬兄长。在古代宗法社会，长子是第一继承人，故常"孝悌"连用。移、易：两字用意相近，都是改变的意思。

【浅译】

孔子说："教导百姓相亲相爱，没有比弘扬孝道更好的了。教导百姓遵循礼节顺从长辈，没有比弘扬悌道更好的了。改善社会风气习俗，没有比用乐教陶冶感化更好的了。使君主安心，百姓安宁，没有比用礼制更好的了。礼的含义，就是一个敬字罢了。因此，尊敬别人的父亲，他的儿子就会高兴；尊敬别人的兄长，他的弟弟就会高兴；尊敬别国的君王，该国的臣子就会高兴；尊敬一个人，而千万人高兴。所尊敬的虽然是少数人，而高兴的却是众多人。这就是推行孝道的要领。"

13. 君子以仁存心，以礼存心。仁者爱人，有礼者敬人。——《孟子·离娄下》

【浅译】

君子内心存着仁爱和礼仪。仁爱的人爱别人，有礼的人尊敬别人。

14. 爱人者，人恒爱之；敬人者，人恒敬之。——《孟子·离娄下》

【注释】

恒：此处可解为常常。

【浅译】

懂得爱别人的人，别人也常常爱他；懂得尊敬别人的人，别人也总是尊敬他。

15. 体恭敬而心忠信，术礼义而情爱人，横行天下，虽困四夷，人莫不贵。——战国·荀况《荀子·修身》

【注释】

术：通"述"，遵循。人：通"仁"，仁爱。横行：走遍。四夷：古代指东夷、南蛮、西戎、北狄，我国四方边疆地区的少数民族。

【浅译】

外表恭敬，内心忠诚守信，遵循礼义并且性情仁爱，这样的人走遍天下，即便困厄在异族统治区域，也没有人不敬重他的。

16. 憍泄者，人之殃也；恭俭者，偋五兵也。虽有戈矛之刺，不如恭俭之利也。——战国·荀况《荀子·荣辱》

【注释】

憍（jiāo）：古同"骄"，骄傲。泄：通"媟（xiè）"，轻慢。殃：祸害。恭俭：一说恭谨谦逊。一说恭谨俭约。此处当用前说。俭，约束，不放纵。常用为节俭义，有时又作谦逊解。偋（bǐng）：古同"屏（bǐng）"，除去。五兵：五种兵器，典籍中所指不一。此处泛指各种兵器。刺：尖利。利：锋利，利益，这里是一语双关。

【浅译】

骄傲轻慢，是人的祸殃；恭敬谦逊，可以去除兵战之祸。可见即使有戈矛的尖刺，也不如恭谨谦逊的态度"锋利"。

17. 贤者任重而行恭，知者功大而辞顺。——《战国策·赵策二》

【浅译】

贤能的人肩负重任而举止恭敬，智慧的人功劳大而言辞和顺。

18. 贤者狎而敬之，畏而爱之。爱而知其恶，憎而知其善。积

而能散，安安而能迁。——《礼记·曲礼上》

【注释】

狎：此处指关系亲密。安：前一个"安"是安于，后一个"安"是安逸。迁：指颠沛流离。

【浅译】

贤能的人对最亲密的人也存有几分尊敬，对畏惧的人也有爱护之心。对所爱的人能看得到他的不足，对所憎恨的人也能看到他的长处。积累的财富能够散施给众人，能身处安逸也能经受颠沛流离。

19. 祭不欲数，数则烦，烦则不敬。祭不欲疏，疏则怠，怠则忘。——《礼记·祭义》

【注释】

数：多，指频繁。

【浅译】

祭祀不可太频繁，太频繁就会产生厌烦情绪，一旦有了厌烦情绪就会不恭敬。祭祀次数也不可太稀疏，太稀疏就会使人怠慢，怠慢了就会渐渐忘却祖先。

20. 大臣不可不敬也，是民之表也。迩臣不可不慎也，是民之道也。——《礼记·缁衣》

【注释】

表：表率，模范。迩（ěr）：近。道：引导，此处引申为效法的榜样。

【浅译】

国君对大臣不可不恭敬，因为他们是民众的表率。对近臣不能不慎重选择，因为他们是民众效法的榜样。

21. 为人君止于仁，为人臣止于敬，为人子止于孝，为人父止于慈，与国人交止于信。——《礼记·大学》

【注释】

止：达到。

【浅译】

做人君的要做到仁爱，做人臣的要做到恭敬，做人子的要做到尽孝道，做人父的要做到慈爱，与人交往要做到诚信。

22. 绝嗜禁欲，所以除累；抑非损恶，所以禳过；贬酒阙色，所以无污；避嫌远疑，所以不误；博学切问，所以广知；高行微言，所以修身；恭俭谦约，所以自守。——旧题 秦末·黄石公《素书·求人之志》

【注释】

禳（ráng）：去除。贬：减损。阙：古代用作"缺"字，少也。微：细小，此处当与"高"对举，指低、少。恭俭：一说恭谨谦逊。一说恭谨俭约。此处当用后说。俭，约束，不放纵。常用为节俭义，有时又作谦逊解。

【浅译】

杜绝不良的嗜好，禁锢过分的欲念，这样可以免除各种拖累；抑制非分之想，减少恶念恶行，这样可以消除一些过失；谢绝美酒、美色的诱惑，这样可以（使自己的品行）不受玷污；避开嫌隙，远离猜疑，这样可以不出错误；广博地学习，恳切地求教，这样可以增广知识；行为高尚，说话低调，这样可以修养身心；恭谨、节俭、谦逊、简约，这样可以守住节操。

23. 文王好仁则仁兴；得士而敬之则士用，用之有礼义。故不致其爱敬，则不能尽其心；不能尽其心，则不能尽其力；不能尽其力，则不能成其功。——西汉·贾山（东汉·班固《汉书·贾山传》）

【说明】

贾山，西汉颍川（郡治今河南省禹州市）人，约汉文帝元年在世。著有《至言》。

【浅译】

文王好施仁德，所以能兴仁政；得到士人而能尊重士人，所以士人能为他效力，而他又能以礼义相待。所以，不对人慈爱和尊重，就不能使他们尽忠心；不能尽忠心他们就不能竭尽全力；不能竭尽全力就不能成就功业。

24. 臣闻明王圣主，莫不尊师贵道。——东汉·孔僖（南朝宋·范晔《后汉书·孔僖传》）

【说明】

孔僖，字仲和。东汉时鲁国鲁（今山东省曲阜市）人，孔子十九代孙。著有《古文尚书传》《毛诗传》《春秋传》等书。

【注释】

道：指教师指引的应该遵循的道理，也指教师传授的知识。

【浅译】

我听说古代贤明的君主，没有谁不是尊敬师长、重视老师教导的。

（二）魏晋南北朝篇

25. 夫礼教之治，先之以仁义，示之以敬让，使民迁善日用而

不知也。——西晋·袁准《袁子正书·礼政》(见于唐·魏徵等《群书治要》)

【注释】

示：示范。迁善：向善。

【浅译】

以礼义教化治国，首先要践行仁义，并且带头做到恭敬谦让，使民众在日常生活中不知不觉地趋向善良。

26. 恭为德首，慎为行基。——西晋·羊祜《诫子书》

【说明】

羊祜，字叔子。泰山南城（今山东省平邑县南）人。西晋时期杰出的战略家、政治家、文学家。

【浅译】

恭敬是品德之首，谨慎是行动的基础。

27. 宁虽粗猛好杀，然开爽有计略，轻财敬士，能厚养健儿，健儿亦乐为用命。——西晋·陈寿《三国志·吴书·甘宁传》

【说明】

此为成语"轻财敬士"的出处。

【注释】

宁：甘宁，字兴霸。三国时期孙吴名将。以粗暴嗜杀而敬士著称，以逍遥津之战救孙权脱险而成名。

【浅译】

甘宁虽然粗暴好杀人，但开朗爽直有计策谋略，轻视钱财，敬重士人，能厚养勇士，勇士也乐意为他效命。

（三）隋唐五代宋辽金篇

28. 纳言无失，不辍亡废。小处容疵，大节堪毁。敬人敬心，德之厚也。——隋·王通《止学》

【浅译】

采纳他人的建议就不会有失误，不中途停止就不会前功尽弃。小的缺点纵容包庇，大的节操就会被葬送。尊敬他人就要尊重他人的思想，这是品德忠厚的表现。

29. 敬他还自敬，轻他还自轻。——唐·王梵志《敬他还自敬》

【说明】

王梵志，原名梵天。卫州黎阳（今河南省浚县东）人。初唐诗僧。诗歌以说理议论为主，多据佛理教义。原有诗集已佚，今人整理本作《王梵志诗校辑》。

【浅译】

尊敬别人会使自己受到尊敬，轻视别人会使自己受到别人的轻视。

30. 不敬他人，是自不敬也。——唐·席豫（五代·刘昫等《旧唐书·席豫传》）

【说明】

席豫，字建侯。襄州襄阳（今湖北省襄阳市）人。文学才华横溢，唐玄宗曾称其"诗人之冠冕"。

【浅译】

不尊敬别人，就是不尊敬自己。

31. 敬一人，则千万人悦；慢一人，则千万人怨。——唐·罗隐《两同书·敬慢》

【说明】

罗隐,原名横,字昭谏,后改名隐,自号江东生。杭州新城(今浙江省杭州市富阳区西南)人。唐文学家、思想家。罗隐著有《谗书》《两同书》,以及诗集《甲乙集》。

【浅译】

尊敬一个人,就会使千万人喜悦;怠慢一个人,就会使千万人抱怨。

(四)元明清篇

32. 能敬之人,时时见得自己不是;不敬之人,时时见得自己是。——明末清初·陈确《书示仲儿》

【说明】

陈确,初名道永,字非玄;后改名确,字乾初。浙江海宁人。明末清初思想家。著有《大学辨》《瞽言》《葬书》等。

【浅译】

能恭敬谨慎的人,总会时时看见自己的缺点;不恭敬谨慎的人,只会时时看见自己的优点。

33. 为善之端无尽,只讲一让字,便人人可行;立身之道何穷,只得一敬字,便事事皆整。——清·王永彬《围炉夜话》

【注释】

端:方面。何穷:无穷,指很多。整:完全无缺,此处指做事完美。

【浅译】

行善的方面有很多,只要能做到一个让字,便人人都可以行善;立身的方法很多,只要做到一个敬字,便事事都可以做好。

34. 敬为入德之门,傲其聚恶之府。——清·申居郧《西岩赘语》

【浅译】

恭敬是培养高尚品德的门径,傲慢是汇聚恶劣品质的府库。

第四章 廉 孝

"廉"字目前最早见于战国,作"廉"睡·语9,从广(yǎn)兼声。"廉"字从"广(yǎn)"[与繁体的"廣(guǎng)"原是两个不同的字,《说文解字》:"广,因广为屋,象对刺高屋之形。"],应与房舍有关。《说文解字》:"廉,仄也。"段玉裁注曰:"廉之言敛也,堂之边曰廉。"即"廉"的本义为堂屋的侧边,《仪礼·乡饮酒礼》"设席于堂廉东上"中的"廉",郑玄注作"侧边曰廉",用的即是本义。《九章算术》谓"边谓之廉,角谓之隅"。引申为事物的棱角。《礼记·聘义》:"廉而不刿。"孔颖达疏:"廉,棱也。刿,伤也。"又引申为正直、方正。《庄子·让王》:"人犯其难,我享其利,非廉也。"亦引申为清白。《墨子·修身》:"贫者见廉,富者见义。"《周礼·天官》以"廉善""廉能""廉敬""廉正"等标准评价官员的施政,用的就是"廉"的引申义清白、方正等。战国中后期,屈原《招魂》以"朕幼清以廉洁兮"自许,"廉洁"一词的意义已与今无别。

"廉"字的廉洁义早在战国时代被广泛应用,说明当时的人们对清正廉洁的品格极为重视。此后,在漫长的封建社会中,由于贪腐现象屡禁不绝,廉政一直是国家整顿吏治的首要任务,清正廉洁也就成为历朝历代官员考核的重要标准。其实,"廉"并非只是针对有官阶职位的人而言,对于普通人,也是不可或缺的宝贵品质之一,"廉"有不苟取之义,日常生活中贪小便宜的行为亦是不廉。腐化堕落都是由小到大、由轻到重逐步滑向深渊的。因此,廉洁不仅是一种道德追求,更是一种必要的行为准则。我们每个人都应强化自律意识,防微杜渐,做一个清廉自守之人。

"孝",商代晚期孝卣的铭文中有用作人名的"〔集成S377〕"字,以形体结构来看,像一个孩子搀扶老人之形。西周金文中,"孝"字构形变化不大,如西周中期曶鼎中的"〔集成2838〕"。战国文字以降,其字形皆从老省从子,如"〔郭·语·3·61〕""〔睡·为·47〕"。《说文解字》:"孝,善事父母者。""孝"字是讲老人与子女关系的,本义为孝顺。《孝经》曰:"夫孝,天之经也,地之义也,民之行也。"天地之性人为贵,人之德行没有比孝更大的了,所以说"百善孝为先"。人类是万物的灵长,孝道是人类的天性,以孝为本天经地义。

孝文化是中华民族繁衍生息、百代相传的优良传统与核心价值观。《礼记·王制》云:"有虞氏养国老于上庠,养庶老于下庠;夏后氏养国老于东序,养庶老于西序;殷人养国老于右学,养庶老于左学;周人养国老于东胶,养庶老于虞庠。"又《周礼·夏官·罗氏》云:"中春,罗春鸟,献鸠以养国老。"自传说中的虞夏开始,国老、庶老皆养于庠序,老有所养、老有所终的理念已经存在。甲骨时代"孝"字的存在可证此时已有明确的孝文化。商周铜器铭文以及《周易》《诗经》等文献中,谈论孝道者则更是屡见不鲜。如《诗经·小雅·蓼莪》中就保存了"父兮生我,母兮鞠我,拊我畜我,长我育我,顾我复我,出入腹我。欲报之德,昊天罔极"这样感念父母生养之恩的"千古孝思绝作"（方玉润《诗经原始》卷十一）。"孝"的表现有诸多方面：《左传·成公十三年》称"国之大事，在祀与戎"，慎终追远，祭祀祖先，讲的是"孝思"；《论语》引佚《书》称"孝乎惟孝，友于兄弟，施于有政"，以孝悌治国，讲的则是"孝治"。孔子建立以"仁"为核心的伦理思想体系，更是将"孝"看作仁学思想的基础。《论语·学而》载："子曰：'弟子入则孝，出则悌，谨而信，泛爱众，而亲仁。'"又载："孝弟也者，其为仁之本与！"此外，孔子认为孝养父母要做到和颜悦色、敬而不违，能够"生，事之以礼；死，事之以礼"。后经孔子弟子及再传弟子的充实与发展，儒家形成了"敬""养"结合、"孝""忠"结合的孝道观。而在《孝经》中，"孝"更是被泛化为诸德之首，历代王朝无不标榜"以孝治天下"，《孝经》在唐代时被尊为经书，南宋后被列为"十三经"之一，成为劝孝的经典和移风易俗的宝书。元代后，又出现了《二十四孝》《劝孝歌》等诸多弘扬孝道文化的作品。在千百年的传承中，孝文化已融入中华民族的血脉之中，成为中华民族的文化基因。

　　自古以来，历朝历代的当政者也都十分重视并提倡孝道。西周坚持以德治国和以孝治国相结合的治国方略；"礼坏乐崩"的春秋战国时代，各国诸侯也没忘记以不孝为借口向对手发难；西汉各代皇帝的谥号前都加了一个"孝"字；历代王朝选拔人才，多秉承"求忠臣，必于孝子之门"的理念；就连入主中原的北朝、金、元、清少数民族统治者也没有丢掉以孝治国的"法宝"。不过，在东西方文化交锋融汇的今天，孝道文化却在慢慢消解。正如北京大学著名教授李零先生所说，"非要回去，那也是纲常倒转：有了儿子就变成儿子，有了孙子就变成孙子"。当然，传统的孝道文化中也有一些不合时宜的糟粕，我们应当有扬弃地继承，勇于摒弃不分是非的"愚孝"行为，同时，弘扬孝文化精髓，提倡明智和谐的孝道。

廉孝，即孝廉，是"孝顺亲长、廉能正直"的意思。孝、廉是统治阶级选拔人才的科目。汉武帝时，郡国荐举孝悌之人、清廉之士贡送朝廷为官，察举孝廉渐渐成为入仕之正途，后来孝、廉多合为一科而并称"廉孝"（孝廉）。如《文选·班固〈西都赋〉》"总礼官之甲科，群百郡之廉孝"（吕向注："言聚甲科孝廉之人列于禁卫。"）。到了明清两代，"孝廉"又逐渐成为人们对举人的雅称。对于当今社会而言，我们所讲求的"廉孝"乃是"于公廉，于私孝"，这既是对中华传统美德的继承，更是做人行事的根本。

一、"廉"——清廉自守

（一）先秦两汉篇

1. 以听官府之六计，弊群吏之治。一曰廉善，二曰廉能，三曰廉敬，四曰廉正，五曰廉法，六曰廉辨。——《周礼·天官冢宰·小宰》

【注释】

听：治理。弊：断也。

【浅译】

用治理官府的六条原则来判断官吏的政绩。一是是否廉洁并且善于办事，二是是否廉洁并能推行政令，三是是否廉洁并且谨慎敬业，四是是否廉洁并且公正，五是是否廉洁并且依法办事，六是是否廉洁并且明辨是非。

2. 礼不逾节，义不自进，廉不蔽恶，耻不从枉。故不逾节则上位安，不自进则民无巧诈，不蔽恶则行自全，不从枉则邪事不生。——旧题 春秋·管仲《管子·牧民》

【说明】

注译见第36～37页第1条。

3. 景公问晏子曰："廉政而长久，其行何也？"晏子对曰："其行水也。美哉水乎清清，其浊无不雩途，其清无不洒除，是以长久也。"——旧题 春秋·晏婴《晏子春秋·内篇问下第四》

【注释】

景公：即齐景公，姜姓，吕氏，名杵臼。齐灵公之子，齐庄公之弟。春秋时期齐国君主。晏子：姬姓（一说子姓），名婴，字平仲。著名政治家、思想家、外交家。春秋时期齐国的国相，历任齐灵公、庄公、景公三朝。《晏子春秋》是一部记载晏婴言行和事迹的书，相传为晏婴撰，现在一般认为是后人集其言行而成。政：同"正"。雩（yú）途：通"圬（wū）涂"，意为抹平、涂平。

【浅译】

齐景公问晏婴："廉洁正直的人能长久，他们的品性是什么样子呢？"晏子回答说："他们的品性就像水一样。清清的流水非常美好啊，水和着泥沙浑浊奔泻的时候流经的地方都能冲平，静止清澈的时候什么都能洗净，因此廉洁正直的人能够长久。"

4. 窃人之财，犹谓之盗，况贪天之功以为己力乎？——《左传·僖公二十四年》

【浅译】

偷别人的财物，尚且被称为盗贼，何况贪图天大的功劳而成为自己的力量呢？

5.季康子患盗，问于孔子。孔子对曰："苟子之不欲，虽赏之不窃。"——《论语·颜渊》

【注释】

季康子：即季孙肥，谥康。鲁国三桓之首，孔子晚年鲁哀公时期的实际掌权人。

【浅译】

鲁国执政大夫季康子忧虑盗窃之风，向孔子请教。孔子回答说："假如你们这些当政者清廉不贪财，即使奖励盗窃，也不会有人去盗窃。"

6.见小利则大事不成。——《论语·子路》

【浅译】

只顾眼前小利，则什么大事都做不成。

7.孟子曰："可以取，可以无取，取伤廉。"——《孟子·离娄下》

【浅译】

孟子说："可以拿可以不拿的时候，拿了就会有损廉洁。"

8.众人重利，廉士重名。贤士尚志，圣人贵精。——《庄子·外篇·刻意》

【浅译】

普通民众看重的是利益，廉洁之士看重的是名声。贤能之士崇尚的是志向，圣明之人推崇的是精神。

9.朕幼清以廉洁兮，身服义而未沫。——战国·屈原《楚辞·招魂》

【说明】

作者存在争议,一说作者为宋玉。司马迁:"余读《离骚》《天问》《招魂》《哀郢》,悲其志。"读《招魂》等篇章而悲屈原之志,认为作者是屈原。王逸:"宋玉怜哀屈原忠而斥弃……故作《招魂》,欲以复其精神,延其年寿。"认为作者为宋玉。

【注释】

朕:我,作者自指。朕字在秦以前指"我的"或"我",自秦始皇起专用作皇帝自称。服:一说实行,施行。一说服膺。沫(mèi):通"昧",晦暗也,微暗不明。一说已也,终止,指没有懈怠之时。

【浅译】

我自幼秉持清白廉洁的品行,自身服膺于道义(或译亲身施行道义)而未至于晦暗不明(或译没有懈怠之时)。

10. 欲虽不可去,求可节也。——战国·荀况《荀子·正名》

【浅译】

人的欲望虽然不能消灭,但对欲望的追求是可以节制的。

11. 大臣法,小臣廉。——《礼记·礼运》

【浅译】

大臣守法,小臣廉洁。

12. 廉而不刿,义也。——《礼记·聘义》

【注释】

刿(guì):割伤,刺伤。

【浅译】

有棱边而不至于伤害别人,这是义。

13. 据土子民,治国治众者,不可以图利,治产业,则教化不

行,而政令不从。——西汉·陆贾《新语·怀虑》

【说明】

陆贾,汉初楚国人,能言善辩,对安定汉初局势做出极大贡献。西汉思想家、政治家、外交家,著有《新语》等。

【浅译】

据有土地和百姓、治理国家和民众的人,千万不可以图谋私利,如果借助手中的权力置办个人产业,就不能教化百姓,政策法令他们也不会服从。

14. 智者不为非其事,廉者不求非其有。——西汉·韩婴《韩诗外传》卷一

【说明】

韩婴,西汉燕(郡治今北京)人。文帝时任博士,景帝时为常山王刘舜太傅,武帝时曾与董仲舒辩论。韩婴是当时著名的儒学学者,治《诗经》兼治《易》,其学派分别被称为"韩诗学""韩氏易"。《汉书·艺文志》载其《易》类著作有《韩氏》二篇,今已亡佚;《诗》类著作有《韩诗故》《韩诗内传》《韩诗外传》《韩诗说》等,南宋以后仅存《韩诗外传》。

【浅译】

智慧的人不做他不应该做的事,廉洁的人不追求他不应该得的利。

15. 至廉而威。——西汉·董仲舒《春秋繁露·五行相生》

【浅译】

廉洁做到极致能够产生权威。

16. 民无廉耻,不可治也,非修礼义,廉耻不立。民不知礼义,法弗能正也,非崇善废丑,不向礼义。无法不可以为治也,不

知礼义不可以行法。法能杀不孝者，而不能使人为孔、曾之行；法能刑窃盗者，而不能使人为伯夷之廉。——西汉·刘安《淮南子·泰族训》

【说明】

注译见第92页第58条。

17. 欲影正者端其表，欲下廉者先之身。——西汉·桓宽《盐铁论·疾贪》

【注释】

端：端正。表：仪表。

【浅译】

要想影子正就把个人仪表搞端正，想让下属廉洁先要自身廉洁。

18. 临官莫如平，临财莫如廉。廉平之守，不可攻也。——西汉·刘向《说苑·政理》

【注释】

临：面对。

【浅译】

为官最大的事莫过于公平，面对财货最重要的莫过于廉洁。一个人如果拥有廉洁、公平的操守，就可以经受各种考验，立于不败之地。

19. 位已高而意益下，官益大而心益小，禄已厚而慎不敢取。——西汉·刘向《说苑·敬慎》

【浅译】

地位越高，态度就应该越谦卑；官职越大，处事就应该越小心；俸禄已很丰厚，就更应该谨慎不敢贪。

20. 治官事则不营私家，在公门则不言货利。——西汉·刘向

《说苑·至公》

【浅译】

处理公事就不能想着经营自己的小家,处于公门就不能谈物质利益。

21. 上责崇曰:"君门如市人,何以欲禁切主上?"崇对曰:"臣门如市,臣心如水,愿得考覆。" ——东汉·班固《汉书·郑崇传》

【注释】

上:皇上,指汉哀帝刘欣,汉朝的第十三位皇帝,在位七年。崇:郑崇,字子游,官至尚书仆射,以直言敢谏著称,后被谮下狱死。禁切:限制。考覆:考查审察。

【浅译】

皇上(汉哀帝)责备郑崇说:"你的门前像集市一样人来人往,凭什么还想制约主上?"郑崇回答道:"臣的门前虽像集市一样热闹,但臣的心却像水一样清澈,希望能考查审查。"

(二)魏晋南北朝篇

22. 见利不贪,见美不淫。——旧题 三国·蜀·诸葛亮《将苑·将志》

【说明】

《将苑》又称《心书》,是中国古代一部专门讨论为将之道的军事著作,始见于宋《遂初堂书目》,题《诸葛亮将苑》,明人编诸葛亮集时才收入其中。后人多疑此书为伪托之作。

【浅译】

见到利益不贪求,见到美色不淫乱。

23. 政在去私,私不去则公道亡。——西晋·傅玄《傅子·问政》

【浅译】

主持政务关键在于去除私心,私心不去,公道就不能存在。

24. 清正俭素,门无私谒。——北齐·魏收《魏书·彭城王传》

【浅译】

清明、廉正、节俭、朴素,门前没有私下拜访的人。

25. 苟贪小利则大利必亡,不遗小悋则大祸必至。——北齐·刘昼《刘子·贪爱》

【说明】

刘昼,又称刘子,字孔昭。渤海阜城(今河北省阜城县)人。北齐时期文学家、思想家。《刘子》(一名《刘子新论》,或言为《金箱璧言》之别称)题为刘昼所作。

【注释】

悋(lìn):"吝"的俗文,吝惜。

【浅译】

如果贪图小的利益,大的利益就会失掉;不舍弃小的吝惜,则大祸必定会到来。

(三)隋唐五代宋辽金篇

26. 廉者常乐无求,贪者常忧不足。——隋·王通《中说·王道

篇》

【浅译】

清廉的人因无所求而常感快乐，贪婪的人因欲望不能满足而常感忧虑。

27. 廉隅贞洁者，德之令也；流逸奔随者，行之污也。——唐·魏徵等《群书治要·昌言》

【注释】

廉隅：本义为棱角，比喻方正的操守。流逸：本指流散，此处指随波逐流，与"奔随"意近。

【浅译】

廉洁方正是美好的道德，随波逐流是卑污的品行。

28. 辞金者，取其廉慎也。昔子罕辞玉，以不贪为宝；杨震辞金，以四知为慎。列前古之清洁，为将来之龟镜。——唐·姚崇《辞金诫》

【说明】

姚崇，本名元崇，字元之。陕州硖石（今河南省三门峡市陕州区东南）人。唐朝名相，著名政治家，曾任武则天、睿宗、玄宗三朝宰相，并兼任兵部尚书。

【注释】

子罕：春秋时宋国贤臣乐喜，字子罕，宋平公时为司城（掌管工程的官）。辞玉：典出《左传·襄公十五年》："宋人或得玉，献诸子罕。子罕弗受。献玉者曰：'以示玉人，玉人以为宝也，故敢献之。'子罕曰：'我以不贪为宝，尔以玉为宝，若以与我，皆丧宝也，不若人有其宝。'稽首而告曰：'小人怀璧，不可以越乡，纳此以请死也。'子罕置诸其里，使玉人为之攻之，富而后使复其所。"杨震：东汉名儒，字伯起，出身名门，精通经学，被人称为"关西孔子"，为官正直，不屈权贵，受谗遭罢免而饮鸩自尽。四知：即天知、神知、你知、我知。典出《后汉书·杨震传》："（杨震）四迁荆州刺史、东莱太守。当之郡，道经昌邑，故所举荆州茂才王密为昌邑令，谒见，夜怀金十斤以遗震。震曰：'故人知君，君不知故人，何也？'密曰：'暮夜无知者。'震曰：'天知，神知，我知，子知。何谓无知者？'密愧而出。"杨震因"暮夜却金"的故事成为古代廉吏典型，后人也因此称之为"四知先生"。杨氏后人更引为堂号，号"四知堂"。清洁：此处指廉洁。龟镜：龟可卜吉凶，镜能别美丑，比喻可借鉴学习或引以为戒。

【浅译】

"辞金"二字，取其廉洁谨慎之义。过去子罕辞玉之事，以不贪赃枉法为宝；杨震辞金，以"四知"为谨慎之行。列举这些古代清廉实例，可作为将来为官者的借鉴。

29. 从官重公慎，立身贵廉明。——唐·陈子昂《座右铭》

【注释】

公：《全唐文》作"恭"。

【浅译】

做官要重在公正谨慎，立身贵在廉洁清明。

30. 廉者憎贪，信者疾伪。——唐·陈子昂（北宋·欧阳修《新唐书·陈子昂传》）

【浅译】

廉洁的人憎恨贪婪，讲信用的人痛恨虚伪。

31. 然陷其身者，皆为贪冒财利，与夫鱼鸟何以异哉？——

唐·吴兢《贞观政要·贪鄙》

【说明】

吴兢,字号不详。汴州浚仪(今河南省开封市)人。唐朝大臣,著名史学家。著有《贞观政要》。

【注释】

贪冒:贪图。冒,贪污。

【浅译】

然而使自身陷于灾祸的,都是为了贪求财利,和鱼、鸟有什么区别呢?

32. 但立直标,终无曲影。——唐·李儇(五代·刘昫等《旧唐书·崔彦昭传》)

【说明】

李儇,本名李俨,唐朝第十八任皇帝,庙号僖宗。

【浅译】

只要立的标杆是直的,就不会有弯曲的影子。

33. 畏能止祸,足能止贪。——北宋·林逋《省心录》

【浅译】

畏惧能防止灾祸,知足能遏止贪婪。

34. 临阵勇,临财廉,临事勤,临民仁。——北宋·张泳《答李居贞书》

【说明】

此为张泳称赞李居贞之言。张泳,字复之,自号乖崖,谥号忠定。北宋太宗、真宗两朝的名臣,公正爱民,尤以治蜀著称。其诗文俱佳,文集被命名为《张乖崖集》。李居贞,生平不详,北宋抗辽将领。

【浅译】

面临战场应当勇敢,面对钱财应当廉洁,遇到事情应当勤劳,对待百姓应当仁爱。

35. 清心为治本,直道是身谋。秀干终成栋,精钢不做钩。仓充鼠雀喜,草尽兔狐愁。史册有遗训,无贻来者羞!——北宋·包拯《书端州郡斋壁》

【注释】

无:一作"毋"。贻(yí):遗留。

【浅译】

居心清正是治世的根本,正道直行是修身的宗旨。优质的树木终成栋梁之材,百炼精钢不会弯曲为钩。粮仓盈满偷吃公粮的老鼠和麻雀就高兴,野无杂草会让常啃青草的兔子和藏身的狐狸发愁。牢记史册先贤留下的训诫(或译历史留下的教训),不要留下让后人感到羞耻的污名。

36. 廉者,民之表也;贪者,民之贼也。——北宋·包拯《乞不用赃吏疏》

【浅译】

廉洁的官,是民众的表率;贪赃的官,是民众的盗贼。

37. 不廉,则无所不取;不耻,则无所不为。——北宋·欧阳修《新五代史·杂传》

【浅译】

一个人如果不廉洁,就会什么东西都敢贪;一个人如果没有廉耻,就会什么事情都敢做。

38. 财能使人贪,色能使人嗜。名能使人矜,势能使人倚。四

患既都去,岂在尘埃里?——北宋·邵雍《男子吟》

【说明】

邵雍,字尧夫,号安乐先生。祖籍范阳(治今河北省涿州市),徙居共城(今河南省辉县市)。北宋著名理学家、数学家、诗人,与周敦颐、张载、程颢、程颐并称"北宋五子",两宋理学奠基人之一。著有《皇极经世》《观物内外篇》《伊川击壤集》等。

【注释】

矜(jīn):自负,骄傲。倚:倚仗。尘埃:此处比喻世俗。

【浅译】

钱财能使人贪婪,美色能使人沉溺。名声能使人骄傲,权势能使人专横。一个人若能够免去这四种诱惑,难道他还会成为世俗中人吗?

39. 人之生,不幸不闻过,大不幸无耻。——北宋·周敦颐《通书·幸第八》

【注释】

闻过:听到别人指出自己的过错。

【浅译】

人一生的不幸,是不知道检讨自己的过错;人的大不幸,是没有廉耻之心。

40. 惟俭可以助廉,惟恕可以成德。——北宋·范纯仁(元·脱脱等《宋史·范纯仁传》)

【说明】

范纯仁,字尧夫。吴县(今江苏省苏州市)人。范仲淹次子,北宋宰相,谥忠宣。

【浅译】

只有节俭可以帮人廉洁奉公,只有宽容可以使人修成美德。

41. 物必先腐也,而后虫生之;人必先疑也,而后谗入之。——北宋·苏轼《范增论》

【浅译】

东西必然是自身先腐烂,然后蛀虫才能生出来;人一定是先有疑心,然后谗言才能听进去。

42. 苟非吾之所有,虽一毫而莫取。——北宋·苏轼《前赤壁赋》

【浅译】

如果不是我应该拥有的东西,即使一丝一毫我也不会拿去。

43. 文臣不爱钱,武臣不惜死,天下太平矣。——南宋·岳飞(元·脱脱等《宋史·岳飞传》)

【浅译】

文官不贪钱财,武官不怕死,天下就太平了。

44. 但得官清吏不横,即是村中歌舞时。——南宋·陆游《春日杂兴》

【浅译】

但愿等到做官的清正,当小吏的不横行霸道,那就是老百姓歌舞升平的时候了。

45. 能吏寻常见,公廉第一难。——金·元好问《薛明府去思口号七首》其一

【浅译】

有本事的官吏经常可以看到,但能做到公正廉明是最困难的。

（四）元明清篇

46. 不要人夸颜色好，只留清气满乾坤。——元·王冕《墨梅》

【说明】

王冕，字元章，号煮石山农，亦号食中翁、梅花屋主等。诸暨（今属浙江）人。元末著名画家、诗人、篆刻家。王冕出身贫寒，自学成才，一生爱好梅花，种梅、咏梅、画梅，诗作有《墨梅》《白梅》，画作有《南枝春早图》《墨梅图》《三君子图》等。

【浅译】

不需要人们夸赞颜色好看，只需要留下充满天地的清香之气。

47. 惟廉者能约己而爱人，贪者必朘人以肥己。——明·朱元璋（清·张廷玉等《明史·循吏传》洪武帝谕）

【注释】

朘（juān）：剥削。

【浅译】

只有廉洁的人才能约束自己而爱重别人，贪婪的人必定会剥削别人来使自己得利。

48. 正以处心，廉以律己，忠以事君，恭以事长，信以接物，宽以待下，敬以处事，居官之七要也。——明·薛瑄《读书录》卷七

【说明】

乾隆本"居"字前有"此"字。

【浅译】

以正直修养心性，以廉洁约束自己，以忠诚侍奉君主，以恭敬服侍长者，以诚信待人接物，以宽容对待下属，尽心处理政务，这是做官要谨守的七条要领。

49. 手帕蘑菇与线香，本资民用反为殃。清风两袖朝天去，免得闾阎话短长。——明·于谦《入京》

【注释】

手帕、蘑菇、线香：皆指地方特产。闾阎（lú yán）：指平民百姓。

【浅译】

手帕、蘑菇、线香这些本来是供老百姓自己享用的，却因为贪官污吏的巧取豪夺，反而成为百姓的灾难。我只带两袖清风去朝见天子，避免了百姓们说短道长。

50. 居官者廉不言贫，勤不言劳，爱民不言惠，锄强不言威，事上尽礼不言屈己，钦贤下士不言忘势。庶乎官箴无忝。——明·钱琦《钱公良测语·治本》

【说明】

钱琦，字公良，一字临江，号东畲。海盐（今浙江省嘉兴市海盐县）人。工诗文，著作有《祷雨录》《东畲集》《钱子测语》（《钱子测语》一书有三个名字：《盐邑志林》本作《钱公良测语》，分八个门目；《学海类编》本作《钱子测语》，内容少于《盐邑志林》本且无篇目之分；《百陵学山》本作《钱子语测》，仅部分内容与《盐邑志林》本相同）等。

【注释】

下：降低身份与人交往。忘势：忘记权势地位，不顾身份。庶乎：差不多。官箴（zhēn）：做官的准则。忝（tiǎn）：辱，有愧于。

【浅译】

做官的人能廉洁而不说自己贫穷，勤政而不说自己劳苦，爱护百姓而不说自己给了他们多少恩惠，除掉强暴而不说自己多么威风，侍奉上司竭尽礼数而不说委屈自己，钦敬贤人、降低身份结交有识之士而不说不顾自己的地位，差不多就算无愧于做官的准则了。

51. 一念收敛，则万善来同；一念放恣，则百邪乘衅。——明·吕坤《呻吟语·存心》

【浅译】

收敛一闪念的私欲，就会带来众多善行；放纵一闪念的私欲，各种邪恶就会乘虚而入。

52. 防欲如挽逆水之舟，才歇力便下流；力善如缘无枝之树，才住脚便下坠。是以君子之心无时而不敬畏也。——明·吕坤《呻吟语·存心》

【浅译】

防止私欲如同力挽逆水而行的船只，略一歇力气就会顺流而下；致力行善犹如攀登没有枝杈的树木，稍一停脚便会下滑。所以，君子之心，时刻都保持着高度的敬畏之心。

53. 目不容一尘，齿不容一芥，非我固有也。如何灵台内许多荆榛，却自容得？——明·吕坤《呻吟语·存心》

【注释】

芥（jiè）：芥菜，这里指菜叶。灵台：指心，心灵。荆榛（zhēn）：泛指丛生灌木，多形容荒芜情景，这里指杂念。

【浅译】

眼睛里容不得一粒尘埃，牙缝里塞不得一片菜叶，因为不是我本身所固有的。为什么我们的灵魂里就能够容纳得下那么多杂念?

54. 廉所以戒贪,我果不贪,又何必标一廉名,以来贪夫之侧目;让所以戒争,我果不争,又何必立一让的,以致暴客之弯弓。——明·洪应明《菜根谭》

【注释】

侧目:斜眼看,指怨恨。

【浅译】

廉洁是用来惩戒贪婪的,如果我本来就不贪婪,又何必标榜廉洁的名声,以致招来贪污者的斜眼(怨恨);谦让是为了避免争斗,如果我本来就与世无争,又何必立一个谦让的靶子,以致招来暴徒的冷箭(陷害)。

55. 气骨清如秋水,纵家徒四壁,终傲王公。——明·佚名《增广贤文》

【说明】

《增广贤文》,又名《昔时贤文》《古今贤文》,古代编写的儿童启蒙书目,为历代格言佳句集锦。作者不详,明、清两代文人曾不断增补,清代周希陶对该书进行了重订。书名最早见于明万历年间的戏曲《牡丹亭》,推知此书最迟写成于万历年间。

【浅译】

气节风骨清廉如同秋水,即使家境贫寒,只有四面墙壁,最终也能在王公贵族面前傲然独立。

56. 公则生明,廉则生威。——明末清初·朱之瑜《朱舜水集·伯养说》

【说明】

朱之瑜,字鲁屿,号舜水。浙江余姚人。明末诸生。明末和南明曾三次被皇帝特征,未就,人称征君。曾辗转日本等国,图谋恢复明室。后定居日本,传授中国文化,精通经学,影响深远。明朝学者、教育家。著有《朱舜水集》。

【浅译】

公平公正则产生清明,廉洁正直则产生威严。

57. 不以一己之利为利,而使天下受其利;不以一己之害为害,而使天下释其害。——明末清初·黄宗羲《明夷待访录·原君》

【注释】

释:消除。

【浅译】

不以个人得到利益为利益,而是使天下人都得到利益;不以个人受到伤害为伤害,而是使天下人远离伤害。

58. 致理必在惩贪,惩贪莫先旌廉。——清·王命岳《惩贪议》

【说明】

王命岳,字伯咨。福建晋江(今福建省晋江市)人,清初官吏。著有《耻躬堂文集》等。

【注释】

致理:即致治,使国家在政治上清平安定。旌(jīng):表彰。

【浅译】

要把国家治理好一定要惩治贪官,惩治贪官不如先表彰廉洁的官员。

59. 一丝一粒,我之名节;一厘一毫,民之脂膏。宽一分,民受赐不止一分;取一文,我为人不值一文。谁云交际之常?廉耻实伤。傥非不义之财,此物何来!——清·张伯行《禁止馈送檄》

【说明】

张伯行,字孝先,号恕斋,晚号敬庵,谥号清恪。河南仪封(今河南省开封市兰考县东)人。清朝大臣,理学家。以清廉刚直著称。

【注释】

脂膏:即脂肪,比喻百姓用血汗换来的财富。脂,牛羊油。膏,猪油。

【浅译】

一丝线一粒米,都关乎我的名声和节操;一厘钱一毫钱,都是老百姓的血汗钱。向老百姓少收一分钱,老百姓所受的恩惠就不只是一分钱而已;向老百姓多索取一文钱,我的为人就会落得一文不值。谁说多吃多占是官吏交际难免的平常小事?要知道这样做实际上是在损害"清廉知耻"之德。如果说这些钱物并非不义之财,它们又是怎么得来的?

60. 官罢囊空两袖寒,聊凭卖画佐朝餐。最惭吴隐奁钱薄,赠尔春风几笔兰。——清·郑燮《为二女适袁氏者作》

【注释】

吴隐:隐居吴地,指郑板桥辞官归乡。因郑板桥是江苏兴化人,所以说隐居吴地。奁(lián):古代汉族女子存放梳妆用品的镜箱,这里代指嫁妆。

【浅译】

官职被罢免后我没攒下钱财,口袋空空,两袖寒酸,只是凭着卖画来糊口。最惭愧的是辞官归乡后没什么钱为你置办嫁妆，只能赠给你我画的几笔兰花。

61. 总之官之得民，要在清勤慈惠。——清·汪辉祖《佐治药言》

【说明】

汪辉祖，字焕曾，号龙庄、归庐。萧山（今浙江省杭州市）人。清代乾、嘉时期良吏。著有《元史本证》《二十四史同姓名录》《学治臆说》《佐治药言》等。

【浅译】

总之，为官者是否得民心，关键在于清廉、勤勉、慈善、多施恩惠。

62. 官能清则冤抑渐消，吏能廉则风俗自厚。——清·钱泳《履园丛话·不可少》

【说明】

钱泳，初名鹤，字立群，号台仙、梅溪。江苏金匮（今江苏省无锡市）人。钱泳历乾隆、嘉庆、道光三朝，是清代中叶无锡名噪一时的学者。曾长期做幕客，交友广泛，足迹遍及大江南北。工诗，善书画。著有《履园丛话》《履园谭诗》《兰林集》等。

【注释】

冤抑：冤屈。

【浅译】

做官的如果清明，那么百姓的冤屈之事就会越来越少；当小吏的如果廉正，那么民风自然会越来越淳厚。

63. 居官廉，人以为百姓受福，予以为锡福于子孙者不浅也。

曾见有约己裕民者，后代不昌大耶？居官浊，人以为百姓受害，予以为贻害于子孙者不浅也。曾见有瘠众肥家者，历世得久长耶？——清·金缨《格言联璧·从政类》

【说明】

金缨，清代学者。山阴（今浙江省绍兴市）人。生平不详。编著有《格言联璧》一书，集先贤警策身心之语句。

【注释】

锡：通"赐"，赏赐。贻（yí）：遗留。瘠：瘦，与"肥"相对，此处为使动用法，解为压榨。

【浅译】

做官的人清廉，别人都觉得老百姓受了福佑，我则认为是做官的给自己的子孙赐了不少福。可曾见过约束自己而厚待百姓的官，他的后代有不昌盛的吗？做官不清廉的人，别人以为老百姓受了祸害，但我则认为他给子孙留下很多祸害。可曾见过压榨百姓而使自家富裕的官，他的后代能长久吗？

二、"孝"——入孝出悌

（一）先秦两汉篇

1. 维桑与梓，必恭敬止。靡瞻匪父，靡依匪母。——《诗经·小雅·小弁》

【注释】

桑、梓：古代桑树、梓树多栽种在住宅周围，后代遂为故乡的代称，见之自然思乡怀亲。止：语气词。靡……匪……：靡，无。匪，不。

"靡……匪……",用两个否定副词表示更加肯定的意思。瞻:敬仰。

【浅译】

看到桑树林和梓树林,顿生恭敬之心。无时不敬仰我父亲,无时不依恋我母亲。

2. 无父何怙?无母何恃?出则衔恤,入则靡至。父兮生我,母兮鞠我。拊我畜我,长我育我,顾我复我,出入腹我。欲报之德,昊天罔极!——《诗经·小雅·蓼莪》

【注释】

怙(hù):依靠。衔恤:含忧。鞠:养。拊:通"抚"。畜:"慉(xù)"之假借,起也,喜爱义。或释为养。顾:顾念。复:返回,指不忍离去。腹:指怀抱。昊(hào)天:广大的上天。罔:无。

【浅译】

没有父亲何所依?没有母亲何所靠?离家之时伤悲不已,回来时双亲却已不见。父亲生下我,母亲养育我。抚育我啊呵护我,养大我啊教育我,照顾我啊挂念我,出门进门抱着我。想要报答父母的恩情,这恩情却大似上天没有办法报答。

3. 永言孝思,孝思维则。——《诗经·大雅·下武》

【注释】

孝思:孝顺先人之思,此以孝道代指所有的美德。则:法则,此指以先王为法则。

【浅译】

长久地奉行孝道,孝道就是生活的准则。

4. 大道废,有仁义;智慧出,有大伪;六亲不和,有孝慈;国家昏乱,有忠臣。——《道德经·第十八章》

【注释】

大道：指社会政治制度和秩序。智慧：一作"慧智"。六亲：父子、兄弟、夫妇。孝慈：一本作孝子。

【浅译】

大道被废弃了，才有提倡仁义的需要；聪明智巧现象出现了，虚伪欺诈才盛行；家庭出现了纠纷，才能显示出孝敬与慈爱；国家陷于混乱，才能见出忠臣。

5. 君子务本，本立而道生。孝弟也者，其为仁之本与！——《论语·学而》

【注释】

弟（tì）：通"悌（tì）"，敬爱兄长，指兄弟姐妹间的友爱。

【浅译】

君子为人必专心致力于根本，根本建立了，道德就会随之产生。孝顺父母、友爱兄弟，就是仁的根本啊！

6. 子曰："弟子入则孝，出则悌，谨而信，泛爱众，而亲仁。行有余力，则以学文。"——《论语·学而》

【说明】

注译见第77页第11条。

7. 子夏曰："贤贤易色；事父母，能竭其力；事君，能致其身；与朋友交，言而有信。虽曰未学，吾必谓之学矣。"——《论语·学而》

【注释】

子夏：卜商，字子夏，又称卜子、卜子夏。孔子弟子，春秋末期卫国人（一说晋国温人），以"文学"著称。贤贤：重视贤惠之德。前一个

"贤"是重视，后一个"贤"指妻子的贤德。易色：代替美色。色，指妻子的美色。

【浅译】

子夏说："用重视妻子的美德，来代替重视妻子的美色；侍奉爹娘，能尽心竭力；服侍君上，能豁出生命；同朋友交往，说话诚实守信。这种人虽然说没有学习，我一定说他已经学习了。"

8. 曾子曰："慎终追远，民德归厚矣。"——《论语·学而》

【注释】

终：老死，指父母去世。远：祖先。

【浅译】

曾子说："谨慎地办理父母的丧事，虔诚地追念祭祀祖先，这样做就可以使百姓的道德风尚归向淳朴敦厚了。"

9. 子曰："父在，观其志；父没，观其行；三年无改于父之道，可谓孝矣。"——《论语·学而》

【注释】

其：他的，指儿子，不是指父亲。三年：指父母去世后的守孝期。道：在这里指父亲的做法。

【浅译】

孔子说："父亲在世的时候，观察做儿子的志向；父亲死后，观察做儿子的言行；若是三年守孝期间专心守孝，没改变父亲生前的做法，这样的人可以说是尽到孝了。"

10. 子曰："今之孝者，是谓能养。至于犬马，皆能有养；不敬，何以别乎？"——《论语·为政》

【浅译】

孔子说："当今的孝子，只是说能够供养父母就行了。就是狗马，都能得到饲养；若对父母不心存孝敬，那供养父母和饲养狗马有什么区别呢？"

11. 子曰："临之以庄，则敬；孝慈，则忠；举善而教不能，则劝。"——《论语·为政》

【注释】

临：面临，对待。庄：庄重、严肃。不能：没有才能。劝：勉励。

【浅译】

孔子说："国君对待百姓的事情严肃认真，他们自然对你恭敬；你对长者孝敬，对幼者慈爱，百姓就会对你忠诚；选用贤能的人，教育无能的人，百姓自然会互相勉励。"

12. 子曰："父母在，不远游，游必有方。"——《论语·里仁》

【注释】

游：游学、游宦。方：一说"方"为"方向"，指"地方"。一说"方"是"度"，即不能太远。

【浅译】

孔子说："父母在世，不远离家乡，如果不得已要外出游学或求官，也必须有一定的地方（或译也必须不能太远）。"

13. 子曰："父母之年，不可不知也。一则以喜，一则以惧。"——《论语·里仁》

【浅译】

孔子说："父母的年龄，不可以不知道。一方面为他们长寿而高兴，一方面为他们衰老而担忧。"

14. 子曰："予之不仁也！子生三年，然后免于父母之怀。夫三年之丧，天下之通丧也，予也有三年之爱于其父母乎！"——《论语·阳货》

【注释】

予：宰我，名予，字子我。孔子弟子，春秋末期鲁国人，擅长辞辩。

【浅译】

孔子说："宰我不仁啊！孩子生下三年之后，才能脱离父母的怀抱。为父母守孝三年，是天下通行的丧礼。难道宰我没从父母那里得到过三年的爱护抚育吗？"

15. 上失其道而杀其下，非理也。不教以孝而听其狱，是杀不辜。——《孔子家语·始诛》

【注释】

听：治理，判断。狱：罪案，官司。

【浅译】

君王丧失了为政之道而诛杀他的臣民，这是不合理的。不用孝道教化百姓，却只是判决他们的案子，这是滥杀无辜。

16. 树欲静而风不停，子欲养而亲不待。——《孔子家语·致思》

【浅译】

树想静止不动，风却不停地刮；子女想要赡养父母，父母却不等待赡养就去世了。

17. 孝，德之始也；悌，德之序也；信，德之厚也；忠，德之正也。——《孔子家语·弟子行》

【注释】

悌（tì）：敬爱兄长，指兄弟姐妹间的友爱。正：本义是正中，此处指标准、准则。

【浅译】

孝敬父母是德行的开始，敬爱兄长是德行之次，守信誉是德行的加深，忠诚是道德的标准。

18. 孔子曰："行己有六本焉，然后为君子也。立身有义矣，而孝为本；丧纪有礼矣，而哀为本；战阵有列矣，而勇为本；治政有理矣，而农为本；居国有道矣，而嗣为本；生财有时矣，而力为本。置本不固，无务农桑；亲戚不悦，无务外交；事不终始，无务多业；记闻而言，无务多说；比近不安，无务求远。是故反本修迹，君子之道也。"——《孔子家语·六本》

【说明】

注译见第59页第22条。

19. 夫孝，德之本也，教之所由生也。复坐，吾语汝。身体发肤，受之父母，不敢毁伤，孝之始也。立身行道，扬名于后世，以显父母，孝之终也。夫孝，始于事亲，中于事君，终于立身。——《孝经·开宗明义章》

【注释】

身体：这里"身"指身体的躯干，"体"指身体的四肢。

【浅译】

孝道，是德行的根本，教化都是从孝道产生出来的。你回原来的位置坐下，我告诉你。人的身躯、四肢、毛发、皮肤都是父母给予的，不敢毁损伤残，这是孝道的开始。修养自身，奉行道义，名声显扬于后世，使父母荣耀，则是孝道的最终目标。所谓孝道，开始于侍奉双亲，然后从政尽忠，最终建功扬名。

20. 子曰："爱亲者，不敢恶于人；敬亲者，不敢慢于人。爱敬尽于事亲，而德教加于百姓，刑于四海，盖天子之孝也。《甫刑》云：'一人有庆，兆民赖之。'"——《孝经·天子章》

【说明】

注译见第101页第10条。

21. 用天之道，分地之利，谨身节用，以养父母，此庶人之孝也。故自天子至于庶人，孝无终始，而患不及者，未之有也。——《孝经·庶人章》

【注释】

庶人：普通老百姓。

【浅译】

利用自然时节的规律，分清土地的好坏以因地制宜，行为谨慎，节省俭约，以此来赡养父母，这就是普通老百姓的孝道了。所以上自天子，下至普通老百姓，孝道是永恒存在的，而担心自己做不到孝，这是没有的事。

22. 曾子曰："甚哉！孝之大也。"子曰："夫孝，天之经也，地之义也，民之行也。天地之经，而民是则之。则天之明，因地之利，以顺天下。是以其教不肃而成，其政不严而治。先王见教之可以化民也，是故先之以博爱，而民莫遗其亲；陈之以德义，而民兴行；先之以敬让，而民不争；导之以礼乐，而民和睦；示之以好恶，而民知禁。诗云：'赫赫师尹，民具尔瞻。'"——《孝经·三才章》

【注释】

行：履行，指自然本性的履行。遗：遗弃，抛弃。师尹：即太师尹氏。周朝三公（太师、太傅、太保）之一，尹氏为最高行政长官太师。

【浅译】

曾子说："太了不起了！孝道的博大精深。"孔子说："孝道就是上天规定的原则，大地施行的正理，是人最根本的品行。因为是天地间历久不变的常道，所以民众效法它。效法上天那永恒不变的规律，利用大地自然四季中的优势，以顺应自然规律教化民众。因此其教化不须严肃实施就可成功，其政事不须严厉推行就能得到治理。先代圣明君主明白通过教育可以感化民众，所以率先实行博爱，民众就没有遗弃自己亲人的；向民众宣扬道德仁义，民众就会起而遵行；率先做到恭敬谦让，民众就不会争斗；用礼仪和音乐引导民众，民众就会和睦相处；将崇尚或厌弃之事展示给民众，民众就知道什么是禁止做的事了。《诗经·小雅·节南山》中说：'威严显赫的太师尹氏，百姓都仰望着您。'"

23. 天地之性，人为贵。人之行，莫大于孝。——《孝经·圣治章》

【注释】

性：指生灵，生物。

【浅译】

天地万物中，人最为尊贵。人类的行为中，没有比孝道更伟大的了。

24. 故不爱其亲而爱他人者，谓之悖德。不敬其亲而敬他人者，谓之悖礼。——《孝经·圣治章》

【注释】

悖（bèi）：混乱，相冲突。这里指违背。

【浅译】

因此，不爱自己的父母，而去爱其他人的行为，就叫作违背道德。不尊敬自己的父母，而去尊敬别人的行为，就叫作违背礼法。

25. 孝子之事亲也，居则致其敬，养则致其乐，病则致其忧，丧则致其哀，祭则致其严。五者备矣，然后能事亲。——《孝经·纪孝行章》

【浅译】

孝子侍奉父母，日常居家的时候，应尽恭敬的心去侍候；奉养的时候，应尽和悦的心去服侍；父母生病的时候，应尽忧虑的心去照料；父母去世的时候，应尽哀痛的心去料理后事；祭祀的时候，应尽严肃的心去祭祀。以上五点完全做到，然后才算是尽到侍奉双亲的责任。

26. 子曰："教民亲爱，莫善于孝。教民礼顺，莫善于悌。移风易俗，莫善于乐。安上治民，莫善于礼。礼者，敬而已矣。故敬其父则子悦，敬其兄则弟悦，敬其君则臣悦，敬一人而千万人悦。所敬者寡，而悦者众，此之谓要道也。"——《孝经·广要道章》

【说明】

注译见第101～102页第12条。

27. 子曰："君子之事亲孝，故忠可移于君；事兄悌，故顺可移于长；居家理，故治可移于官。是以行成于内，而名立于后世矣。"——《孝经·广扬名章》

【浅译】

孔子说："君子侍奉父母亲能尽孝，所以能把对父母的孝心移作对国君的忠心；侍奉兄长能够敬顺，所以能把这种敬顺之心移作对长辈或上司的敬顺；居家治理之法可以推及为官治国之道。因此，品行完成于治家，其在外建功立业的名声也就会显扬于后世了。"

28. 父有争子，则身不陷于不义。故当不义，则子不可以不争于父；臣不可以不争于君。故当不义则争之。从父之令，又焉得为孝乎？——《孝经·谏诤章》

【注释】

争：通"诤"，直言劝谏。

【浅译】

父亲如果有敢于直言劝谏的儿子，自身就不会陷于不义之地。所以，面对父亲不义的行为，则做儿子的不可以不对父亲直言劝谏；做臣子的不可以不对君主直言劝谏。所以，面对不义的行为要直言劝谏。一味地遵从父亲的命令，又怎么称得上孝呢？

29. 孝悌之至，通于神明，光于四海，无所不通。——《孝经·感应章》

【浅译】

孝敬父母、友爱兄弟做到了极致，就会通达于天地神明，光照天下，没有什么不可通达的。

30. 老吾老，以及人之老；幼吾幼，以及人之幼。——《孟子·梁惠王上》

【注释】

老：第一个"老"字作动词，赡养、孝敬的意思；第二及第三个"老"字作名词，老人、长辈的意思。幼：第一个"幼"字作动词，抚养、关爱的意思；第二及第三个"幼"字作名词，子女、小辈的意思。

【浅译】

孝敬自己的老人，也要把这种孝敬推及别人家的老人；关爱自己的孩子，也要把这种关爱推及别人家的孩子。

31. 人人亲其亲，长其长，而天下平。——《孟子·离娄上》

【浅译】

只要人人各自亲爱自己的双亲，各自尊敬自己的长辈，天下自然就太平了。

32. 不得乎亲，不可以为人；不顺乎亲，不可以为子。——《孟子·离娄上》

【浅译】

（在舜看来）子女与父母处不好关系，就不配做人；子女不能顺从父母，就不配做子女。

33. 仁之实，事亲是也；义之实，从兄是也；智之实，知斯二者弗去是也。——《孟子·离娄上》

【浅译】

仁爱的实质，就是侍奉双亲；道义的实质，就是遵从兄长；智慧的实质，就是懂得这两种道理不能舍弃。

34. 世俗所谓不孝者五，惰其四支，不顾父母之养，一不孝也；博奕，好饮酒，不顾父母之养，二不孝也；好货财，私妻子，不顾父母之养，三不孝也；从耳目之欲，以为父母戮，四不孝也；好勇斗很，以危父母，五不孝也。——《孟子·离娄下》

【注释】

支：通"肢"，肢体。私：偏爱。从（zòng）：古同"纵"，放纵。戮：羞辱之意。很：古同"狠"，凶狠。

【浅译】

社会上所说的不孝有五种情况：四肢懒惰，不管父母的赡养，是第一种不孝；喜欢赌博酗酒，不管父母的赡养，这是第二种不孝；喜欢财货，偏爱妻子，不管父母的赡养，这是第三种不孝；放纵声色欲望，使父母因此而受到羞辱，这是第四种不孝；逞勇斗狠，而危及父母，这是第五种不孝。

35. 孝子之至，莫大乎尊亲；尊亲之至，莫大乎以天下养。为天子父，尊之至也；以天下养，养之至也。——《孟子·万章上》

【浅译】

孝子行孝的极点，没有超过尊奉双亲的；尊奉双亲的极点，没有超过用天下来奉养父母的。瞽瞍做了天子（舜）的父亲，可以说是尊贵到极点了；舜以天下来奉养他，可以说是奉养到极点了。

36. 人少则慕父母，知好色则慕少艾，有妻子则慕妻子，仕则慕君，不得于君则热中。大孝终身慕父母。五十而慕者，予于大舜见之矣。——《孟子·万章上》

【注释】

慕：依恋，爱慕，仰慕。少艾：指年轻美貌的人。热中：焦急得心中发热。

【浅译】

人在年幼的时候，依恋父母；懂得喜欢女色的时候，就爱慕年轻漂亮的姑娘；有了妻子以后，便爱慕妻子；做了官便仰慕君王，得不到君王的赏识便内心焦急得发热。不过，最孝顺的人却是终身都仰慕父母。到了五十岁还爱慕父母的，我在伟大的舜身上见到了。

37. 尧舜之道，孝悌而已矣。——《孟子·告子下》

【浅译】

尧、舜所倡导的道，只不过是孝顺和友爱罢了。

38. 亲亲，仁也；敬长，义也。——《孟子·尽心上》

【浅译】

亲爱父母，便是仁；尊敬兄长，便是义。

39. 礼也者，贵者敬焉，老者孝焉，长者弟焉，幼者慈焉，贱者惠焉。——战国·荀况《荀子·大略》

【注释】

弟（tì）：古同"悌"，敬爱兄长，指兄弟姐妹间的友爱。

【浅译】

所谓礼义，就是对地位高贵的人要尊敬，对老人要孝敬，对年长的人要敬重，对年幼的人要慈爱，对卑贱的人要给予恩惠。

40. 曾子曰："身者，父母之遗体也。行父母之遗体，敢不敬乎？居处不庄，非孝也；事君不忠，非孝也；莅官不敬，非孝也；朋友不笃，非孝也；战陈无勇，非孝也。五行不遂，灾及乎亲，敢不敬乎？"《商书》曰："刑三百，罪莫重于不孝。"——秦·吕不韦《吕氏春秋·孝行览》

【注释】

行：使用。莅（lì）官：任官。莅，临也。笃：忠实，一心一意。陈：通"阵"，交战时的战斗队列。遂：成功，完成。刑三百，罪莫重于不孝：今《尚书·商书》不见该句，应为佚文。《尚书·周书·吕刑》有"五刑之属三千"之句，《孝经·五刑》作"五刑之属三千，而罪莫大于不孝"。

【浅译】

曾子说："人的身体，是父母遗传下来的，用父母遗传下来的身体，怎么敢不珍重呢？日常生活不庄重，不是孝顺；侍奉君主不忠诚，不是孝顺；当官不恭敬，不是孝顺；交友不诚信，不是孝顺；临战不勇敢，不是孝顺。上面五种情况做得不好，灾祸就会连累到亲人，怎敢不小心恭敬呢？"《商书》上说："刑法三百条，罪过没有比不孝顺更重的了。"

41. 孝子之于亲也，爱之以心，事之以财。——《战国策·楚策三》

【浅译】

孝子对自己的双亲，用真心去爱他们，用钱财去奉养他们。

42. 见父之执，不谓之进不敢进，不谓之退不敢退，不问不敢对。此孝子之行也。——《礼记·曲礼上》

【注释】

执：至交好友。

【浅译】

拜见父母辈的好朋友，不叫你进就不要擅自进去，不叫你退就不要擅自退下，没有问到你，不要擅自插嘴。这是孝子应该有的品行。

43. 孝有三：小孝用力，中孝用劳，大孝不匮。思慈爱忘劳，可谓用力矣；尊仁安义，可谓用劳矣；博施备物，可谓不匮矣。父母爱之，喜而弗忘；父母恶之，惧而无怨；父母有过，谏而不逆；父母既没，必求仁者之粟以祀之。此之谓礼终。——《礼记·祭义》

【注释】

匮（kuì）：穷尽，匮乏。

【浅译】

孝有三种情形：小孝奉献气力，中孝建立功劳，大孝是让孝心没有穷尽。一心想着慈幼爱长，忘记劳苦，可以算是小孝的用力；尊重仁者，安顿义者，可以算是中孝的建立功劳；广泛施惠，尽其物用，可以算是大孝的没有穷尽。父母喜爱自己，自己高兴而且永不忘怀；父母嫌弃自己，自己应深感畏惧而无所埋怨；父母有了过失，要婉言劝谏而不反叛父母；父母去世之后，必用正当所得的祭品来祭祀他们。这才是有始有终的孝亲之礼。

44. 为人子，止于孝；为人父，止于慈。——《礼记·大学》

【注释】

止：指达到停止的最高境界。

【浅译】

做人子的，最高的境界是孝顺父母；做人父的，最高的境界是慈爱子女。

45. 孔子弟子七十，养徒三千人，皆入孝出悌，言为文章，行为仪表，教之所成也。——西汉·刘安《淮南子·泰族训》

【浅译】

孔子的高足有七十人，培养的学生有三千人，他们都能做到在家恪尽孝道，出外恭敬长辈，谈辞成为文章，行为成为表率，这些都是教育所成就的。

46. 孝在质实，不在于饰貌。——西汉·桓宽《盐铁论·孝养》

【注释】

饰貌：装饰或修饰表面。

【浅译】

孝敬长辈在于质朴、实在的行为，而不是表面上的花哨形式。

47. 夫孝者，百行之冠，众善之始也。——东汉·刘炟（南朝宋·范晔《后汉书·江革传》）

【说明】

刘炟，即汉章帝，东汉第三位皇帝，谥号为章，庙号肃宗，安葬于敬陵（今河南省洛阳市）。《后汉书·江革传》载此言出自汉章帝诏令。

【浅译】

孝行，在所有品行中位居第一，是所有美德的开始。

48. 慢人亲者，不敬其亲者也。——东汉·司马朗（西晋·陈寿《三国志·魏书·司马朗传》）

【说明】

司马朗，字伯达。河内郡温县（今河南省温县）人。东汉末年政治家，"司马八达"（指东汉末年河内名门司马家族兄弟八人）之一。

【注释】

慢：怠慢，不尊敬。

【浅译】

不尊敬别人父母的人，肯定也不会敬重自己的父母。

（二）魏晋南北朝篇

49. 孔子曰："事亲孝故忠可移于君，是以求忠臣必于孝子之门。"——南朝宋·范晔《后汉书·韦彪传》

【浅译】

孔子说:"侍奉父母能尽孝道,所以能将这种孝道移作对侍奉君主的忠诚。因此,寻求忠臣,一定要从有孝子的家庭中选拔。"

50. 夫风化者,自上而行于下者也,自先而施于后者也。是以父不慈则子不孝,兄不友则弟不恭,夫不义则妇不顺矣。——北齐·颜之推《颜氏家训·治家》

【浅译】

风行教化,是从上向下推行的,是从前往后施加影响的。因此父亲不慈爱就会儿子不孝敬,哥哥不友爱就会弟弟不恭敬,丈夫不仁义就会妻子不温顺了。

(三)隋唐五代宋辽金篇

51. 兄弟敦和睦,朋友笃信诚。——唐·陈子昂《座右铭》

【注释】

敦:注重。笃:专一。

【浅译】

兄弟之间重在和睦,朋友之间重在诚信。

52. 十年心事苦,惟为复恩仇。两意既已尽,碧山吾白头。——唐·贺知章《董孝子黯复仇》

【说明】

董孝子,即董黯,字叔达,一字孝治。东汉时期句章县石台乡(今浙江省余姚市大隐镇)人,为董仲舒六世孙,幼年丧父,家境贫寒而事母至孝。相传,其母因病思饮故里之水,他便每次来回二十余里到大隐溪上游永昌潭担水奉母,在途中绝不转换肩膀,为的是把肩前的纯净水供母亲饮用。后来为了使母亲能随时喝上故里之水,董黯就在水边筑一陋室,汲水供母,董母的病得以好转。董黯家的邻居王寄,虽家道富裕但事亲不孝。有一天,董母与王母拉家常,各自谈及儿子孝与不孝之言,恰好被王寄听到。王寄嫉恨董母,待董黯离家外出时,王寄去董家辱骂、殴打董母。董母由此卧病不起,不久去世。董黯气愤至极,但念及王寄的母亲年纪大了,便枕戈不言。几年之后,王母亦因病过世,丧事结束后,董黯便杀了王寄以报母仇,之后董黯便把自己捆绑起来向官府自首。汉和帝听说了他的孝心,赦免了他的罪过,并诏他为郎中,董黯拒绝了,其后隐居终老。

【注释】

恩仇:恩,母亲养育之恩。仇,恶邻辱母之仇。碧山吾白头:指董黯因复仇获罪,遇大赦,终老山岭之间;一说遇皇帝特赦,召他做官,董黯辞官不就,隐居终老。

【浅译】

十年间我心事重重悲苦不已,只是为了报母亲养育之恩替母报仇。恩已还仇已报,从此隐逸青山直到老死。

53. 谁言寸草心,报得三春晖。——唐·孟郊《游子吟》

【注释】

寸草:比喻非常微小。三春晖(huī):形容母爱如春天和煦的阳光。三春,指春天的孟春、仲春、季春。晖,阳光。

【浅译】

谁能说像小草一样的那点孝心,能报答得了春天阳光般的慈母之恩?

54. 孝于亲则子孝,钦于人则众钦。——北宋·林逋《省心录》

【注释】

钦：钦佩，恭敬。

【浅译】

你孝敬父母，子女也孝敬你；你敬重别人，别人也敬重你。

55. 动天之德莫大于孝，感物之道莫过于诚。——南宋·何铸（元·脱脱等《宋史·何铸传》）

【说明】

何铸，字伯寿。余杭（今浙江省杭州市）人。宋徽宗政和五年（1115年）进士，为官秉性刚直，曾试图免除岳飞死罪。谥"通惠"，后改谥"恭敏"。

【浅译】

感动上天的德行没有比孝道更大的，感动万物的方法没有比真诚更好的。

56. 三复蓼莪思二亲，亲恩天地无比伦。生我鞠我长育我，出入腹我何艰辛。——南宋·赵与泌《劝孝》

【说明】

赵与泌，生平不详，宋理宗宝祐二年（1254年）仙游知县。

【注释】

蓼莪（lù é）：指《诗经·小雅·蓼莪》，诗意是感念父母生养之恩。伦：同类，类比。鞠（jū）：养育，抚育。腹：抱。

【浅译】

多次诵读《蓼莪》思念父母双亲，父母的养育之恩天地都无法相比。生下我、养育我、教育我，出入行动都抱着我是何等的艰辛。

57. 妻贤夫祸少，子孝父心宽。——南宋·陈元靓《事林广

记·前集》

【说明】

陈元靓,南宋末至元初年间人,生平不详。《事林广记》是一部日用百科型的古代民间类书。

【浅译】

妻子贤惠,她的丈夫灾祸就少;子女孝顺,父母的心就能放宽。

58. 家贫知孝子,国乱识忠臣。——南宋·佚名《名贤集》

【说明】

《名贤集》是南宋以来民间流行的童蒙读物,具体作者不详,学者们据内容分析,认为是南宋以后儒家学者撰辑。

【浅译】

家庭贫困的时候,才能发现真正的孝子;国家动乱的时候,才能识别真正的忠臣。

(四)元明清篇

59. 人子之事亲也,事心为上,事身次之,最下事身而不恤其心,又其下事之以文而不恤其身。——明·吕坤《呻吟语·伦理》

【注释】

恤(xù):体谅。文:掩饰,此处指用漂亮话。

【浅译】

作为子女侍奉父母,重要的是关怀父母的心意;其次是照料父母的身体;最不好的是虽然照料父母的身体,但并不体谅他们的心意;更坏的是只用漂亮的空话糊弄而不照料他们。

60. 人心喜则志意畅达,饮食多进而不伤,血气冲和而不郁,自然无病而体充身健，安得不寿？故孝子之于亲也，终日乾乾，惟恐有一毫不快事到父母心头。自家既不惹起，外触又极防闲，无论贫富、贵贱、常变、顺逆，只是以悦亲为主。盖"悦"之一字，乃事亲第一传心口诀也。即不幸而亲有过，亦须在悦字上用工夫，几谏积诚，耐烦留意，委曲方略，自有回天妙用。若直诤以甚其过，暴弃以增其怒，不悦莫大焉，故曰：不顺乎亲，不可以为子。

——明·吕坤《呻吟语·伦理》

【注释】

终日乾乾：一天到晚谨慎小心。乾乾，敬慎貌。闲：与正事无关的人或事。诤：照直说出人的过错，叫人改正。甚：加大。

【浅译】

人心里高兴，就会情绪畅快，食欲也因此增加而不会伤害身体，血气能通和而不会郁积，自然不会生病而精力充沛身体健康，又怎么会不长寿呢？所以孝子对于双亲要时刻保持敬慎之心，害怕有一点不开心的事烦扰父母。自己不惹父母不开心，与外界接触又防止闲事影响到父母，无论贫富、贵贱、平常时变乱时、逆境时顺境时，只是以让父母愉悦为主。"悦"这个字，是侍奉双亲的第一秘诀。即使不幸父母有过失，也应该在"悦"字上下功夫，诚挚地多次劝谏，不厌其烦，认真留意，委婉行事，自有挽回的奇妙效果。如果直言其过而加大他们的过失，暴躁嫌弃而增加他们的恼怒，没有什么比这更令父母不开心的了。因此说：不顺从双亲的，自然就算不上是好子女。

61. 羊有跪乳之恩，鸦有反哺之义。——明·佚名《增广贤文》

【浅译】

小羊羔有跪着吃奶报母恩的举动，小乌鸦长大后有反过来喂养老乌鸦的道义。

62. 勿以不孝身，枉着人间服。——清·王中书《劝孝歌》（见于清·陈宏谋《五种遗规·训俗遗规》）

【说明】

王中书，生平事迹不详，生卒年亦不详（《训俗遗规》所收篇目依时间次序排列，而《劝孝歌》前后篇作者的生活年代皆为明末清初，推测王中书当为清初之人）。陈宏谋，字汝咨。临桂（今广西桂林）人。清康乾时期以清廉著称的大臣。采录前人关于养性、修身、治家、为官、处世、教育等方面的著述事迹，分门别类辑为遗规五种：《养正遗规》《教女遗规》《训俗遗规》《从政遗规》和《在官法戒录》，总称"五种遗规"。

【浅译】

不要以不孝之身，白白穿着人的衣服了。

63. 父母呼，应勿缓；父母命，行勿懒。——清·李毓秀《弟子规》

【说明】

李毓秀，字子潜，号采三。清初著名学者、教育家。著作有用于蒙学教育的三言韵文《弟子规》，原名《训蒙文》。

【浅译】

父母呼唤时，答应不要迟缓；父母让干事时，行动不要懒散。

64. 首孝悌，次谨信。——清·李毓秀《弟子规》

【浅译】

首先要孝顺父母，敬爱兄长；其次要谨慎，守信用。

65. 亲爱我，孝何难；亲憎我，孝方贤。——清·李毓秀《弟子规》

【浅译】

父母疼爱我，做到孝有什么困难呢；父母讨厌我，仍然尽孝，才算得上贤德。

66. 亲所好，力为具；亲所恶，谨为去。——清·李毓秀《弟子规》

【浅译】

父母喜好的东西，子女要尽力为他们准备；父母厌恶的东西，要谨慎地为他们去掉。

67. 士必以诗书为性命，人须从孝悌立根基。——清·王永彬《围炉夜话》

【浅译】

文人一定将读书视为自己的生命，做人必须将孝悌作为立身的根基。

68. 常存仁孝心，则天下凡不可为者，皆不忍为，所以孝居百行之先。一起邪淫念，则生平极不欲为者，皆不难为，所以淫是万恶之首。——清·王永彬《围炉夜话》

【注释】

百行：各种品行、德行。

【浅译】

经常保持仁爱孝敬之心，则天下凡是不能做的事，就都不忍心去做了，所以说孝行是各种品行的前提（或译孝行排在各种德行之前）。人一旦产生了邪恶淫秽的念头，则平常极不愿意做的事，都不难为情去做了，所以说淫乱是各种邪恶行为的开始（或译淫乱排在各种恶行之首）。

69. 穷苦莫教爹娘受，忧愁莫教爹娘耽。——清·佚名《劝报亲恩篇》

【说明】

《劝报亲恩篇》作者无可考。文中大力宣传孝敬父母、友爱兄弟的文明美德，曾广泛流传，影响极大。

【注释】

耽（dān）：沉溺其中。

【浅译】

不要让父母受穷受苦，不要让父母分担你的忧愁。

70. 出入扶持须谨慎，朝夕伺候莫厌烦。——清·佚名《劝报亲恩篇》

【浅译】

父母出入要小心搀扶，从早到晚地伺候父母不要厌烦。

71. 呼唤应声不敢慢，诚心敬意面带欢。——清·佚名《劝报亲恩篇》

【浅译】

父母呼唤时，要赶快答应不敢怠慢；要诚心诚意，面带欢笑。

72. 爹娘面前能尽孝，一孝就是好儿男。翁婆身上能尽孝，又落孝来又落贤。——清·佚名《劝报亲恩篇》

【浅译】

儿子能在爹娘面前尽孝，就是好儿子。儿媳能在公婆身上尽孝，既能落个孝顺媳妇的好名声，又能落个贤惠妻子的好名声。

73.时时体贴爹娘意,莫教爹娘心挂牵。——清·佚名《劝报亲恩篇》

【浅译】

要时刻体贴、理解爹娘的心意,不要让爹娘为自己担心。

第五章 诚 信

"诚"字目前在出土文献中最早见于战国晚期,如"㼌"清(七)·子·2""誠睡·封51",从言成声,后世字形同此。从"言"当指言语表达,而"成"当表声兼表义,指已完成的,即确实存在的,故而"诚"有真实义。"信"字在西周晚期的默叔鼎中已经出现("㐰"集成2767"),战国时期更被广泛使用,如辟大夫虎符中的"㐰"集成12107、中山王䚊壶中的"伸"集成9735"、梁上官鼎中的"訷"集成2451"等,简帛文献中的"䚊"包·2.90""信"郭·忠·8""信"睡·为7"等。这些字形主要由人、言构成,亦多见如"伸"集成9735""訷"集成2451"之类的从言从身者。其实,无论是"人"还是"身",皆指言说的主体,对于早期的人类而言,语言具有神秘性,人们对语言迷信又恐惧,人所说的话没有人不相信的。故而,人言为"信"。"诚,信也""信,诚也",《说文解字》以互训的方式解释了"诚""信"二字。的确,"诚""信"皆有"实"的特质。不过,在长期的文化传承中,二者又被赋予了不同的侧重点。"诚"强调的是本心情意的真切以及对人或物的专一,"信"则强调的是对承诺的坚守和人与人之间的信任。"诚"侧重内在品质,"信"则是这种品质的外化。"诚"与"信"组合在一起,就形成了一个内外兼备,具有丰富内涵的词汇,其基本含义是指诚实无欺,讲求信用。千百年来，人们讲求诚信，推崇诚信。诚信是中华民族的传统美德，也是现代文明的重要标志。

"诚"与"信"作为伦理规范和道德标准，早期大多是分开使用的。孟子称"诚者，天之道也；思诚者，人之道也"（《孟子·离娄上》），认为"诚"是天的根本属性，努力求诚以达到合乎诚的境界则是为人之道。荀子更将"诚"视作道德准则——"君子养心莫善于诚。致诚则无它事矣，唯仁之为守，唯义之为行"（《荀子·不苟》）。到了《礼记》中，"诚"的概念被阐发得淋漓尽致，如"意诚而后心正，心正而后身修"（《礼记·大学》），"自诚明，谓之性；自明诚，谓之教。诚则明矣，明则诚矣"（《礼记·中庸》）等，强调了"诚"在修身中的重要作用；而"诚者，物之终始，不诚无物"，更认为万物的存在皆赖于"诚"。"信"，指信守诺言、言行一致、诚实不欺。孔子就极力强调"信"在社会道德中的重要性，他在《论语》中多次论到"信"，如"人而无信，不知其可也""笃信好学""民无信不立""上好信，则民莫敢不用情""信则人任焉"等。到了汉代，董仲舒更将"信"与"仁、义、礼、智"并列为五常。"信"的概念贯穿儒家伦理文化发展的全过程，成为古代价值体系中的重要道德标准。而"诚""信"连用的情况最早可见于《逸周书》，"乡党之间观其信诚"（《逸周书·官人解》）、"成年不赏，信诚匡助，以辅殖财"（《逸周书·大匡解》）中的"信诚"与"诚信者，天下之结也"（《管子·枢言》）中"诚信"的意思相同，皆指诚实不欺、讲求信用。

当今社会，经济高速发展，各种诱惑源源不断，急功近利、毁约失信的现象频有发生：企业中，假冒伪劣、虚假广告、食药安全问题屡禁不止；行政机构中官员欺上瞒下、假公济私现象屡见不鲜；学术圈中，剽窃、抄袭、占有他人成果，或伪造数据的事件层见叠出；社会上毁约赖账、信贷欺诈不胜枚举等。种种劣象造成严重的信誉危机，影响了经济繁荣，扰乱了生活秩序，制约了社会健康发展。在强烈呼唤诚信的今天，回归经典，将传统文化的精髓植根于时代沃土，打造一个诚信和谐的健康社会，具有重要的现实意义。

一、"诚"——至诚如神

（一）先秦两汉篇

1. 君子进德修业。忠信所以进德也。修辞立其诚，所以居业也。——《周易·乾》

【注释】

修辞：孔颖达注为文教。

【浅译】

君子增进美德、营修功业。忠诚守信，可以增进美德。外修文教内立诚实，可以保有功业。

2. 闲邪存其诚，善世而不伐，德博而化。——《周易·乾》

【注释】

闲：防止，禁止。伐：自夸。

【浅译】

防止邪念，保持其诚实的美德，行善于世而不自夸其功，德行博大而能感化人心。

3. 诚信者，天下之结也。——旧题　春秋·管仲《管子·枢言》

【浅译】

诚实守信，可以稳固天下之心。

【或译】

诚实守信，是结交天下的根本。

4. 诚者，天之道也；思诚者，人之道也。——《孟子·离娄上》

【注释】

"……者……也"：是一个标准的判断句式，翻译成"……是……"。

【浅译】

真诚，是自然的法则；讲诚信，是做人的法则。

5. 真者，精诚之至也；不精不诚，不能动人。——《庄子·杂篇·渔父》

【浅译】

真，就是精诚的极点；不精不诚，不能感动人。

6. 善不由外来兮，名不可以虚作。——战国·屈原《九章·抽思》

【浅译】

美德（要靠自己修养）不从外部而来，美名（要名副其实）不能弄虚作假。

7. 君子养心莫善于诚。致诚则无它事矣，唯仁之为守，唯义之为行。——战国·荀况《荀子·不苟》

【浅译】

君子修养身心，没有比诚信更好的了。做到了真诚，那就没有其他的事了，只要守住仁德、奉行道义就行了。

8. 说与治不诚，其动人心不神。——秦·吕不韦《吕氏春秋·审应览·具备》

【注释】

不神：不灵，不能成功之义。

【浅译】

说教别人与治理政事不真诚，就不能感化人心。

9. 著诚去伪，礼之经也。——《礼记·乐记》

【注释】

著：记载。经：精义。

【浅译】

记下真实的，去掉虚假的，这是礼的精义所在。

10. 诚者，天之道也；诚之者，人之道也。诚者，不勉而中，不思而得，从容中道，圣人也。诚之者，择善而固执之者也。——《礼记·中庸》

【注释】

诚之者：使自身真诚，即追求真诚。中：符合。得：适合。中道：一说符合原则。一说中庸之道。

【浅译】

真诚，是自然的法则；追求真诚，是做人的法则。天生真诚的人，不用勉强做事就能符合法则，不必思虑就能得当，从从容容中就能符合法则（或译符合中庸之道），这就是圣人了。追求真诚的人，是选择善道而又牢牢抓住不放的人。

11. 自诚明，谓之性；自明诚，谓之教。诚则明矣，明则诚矣。——《礼记·中庸》

【浅译】

由真诚而自然明白道理,这叫作天性;由明白道理后变得真诚,这叫作人为的教育。真诚就会自然明白道理,明白道理后也就会变得真诚。

12. 唯天下至诚,为能尽其性。——《礼记·中庸》

【浅译】

只有天下间最诚实的人,才能尽力将他的天性发挥到极致。

13. 至诚之道,可以前知。国家将兴,必有祯祥;国家将亡,必有妖孽;见乎蓍龟,动乎四体。祸福将至:善,必先知之;不善,必先知之。故至诚如神。——《礼记·中庸》

【注释】

祯(zhēn):吉祥。蓍(shī)龟:蓍,即蓍草,多年生草本植物,全草可入药,古代用其茎占吉凶。龟,龟甲,用于卜吉凶。四体:引申为行为举止。东汉郑玄认为"四体"指龟的四足。这里可以理解为由人的行为举止观察或感知吉凶祸福。

【浅译】

达到至诚的境界,就可以预知未来。国家将要兴盛,就一定会有吉祥的征兆出现;国家将要灭亡,就一定会有妖孽出现;这些预兆,会显现在蓍草、龟甲的卦象上,也会表现于人的行为举止中。灾祸或者幸福将要发生的时候:好的情况,一定能够预先知道;坏的情况,也一定能够预先知道。所以说人能达到至诚的境界,就如同神明一样,可以先知先觉。

14. 诚者自成也,而道自道也。诚者物之终始,不诚无物。是故君子诚之为贵。诚者非自成己而已也,所以成物也。——《礼

记·中庸》

【注释】

道：第二个"道"，引导义。

【浅译】

真诚是人的自我完善，而道是人自己引导自己。真诚，贯穿于一切事物的始终，没有真诚就没有万物。因此君子以使自己真诚为贵。真诚，并非只是自我完善而已，还要用来完善万物。

15. 故至诚无息，不息则久，久则征，征则悠远，悠远则博厚，博厚则高明。——《礼记·中庸》

【注释】

息：止息，休止。征：验于外也，效验，应验。"征"或为"彻"。

【浅译】

因此，极致的真诚是永不停息的，没有止息就会保持长久，保持长久就会有效验，有效验就会悠远，悠远就会广博深厚，广博深厚就会高大光明。

16. 唯天下至诚，为能经纶天下之大经，立天下之大本，知天地之化育。——《礼记·中庸》

【浅译】

只有天下最真诚的人，才能制定治理天下的法则，树立天下的根本，掌握天地化育万物的道理。

17. 儒有不宝金玉，而忠信以为宝。——《礼记·儒行》

【浅译】

读书人不以金玉为宝，而以忠诚与守信为宝。

18. 物格而后知至，知至而后意诚，意诚而后心正，心正而后

身修，身修而后家齐，家齐而后国治，国治而后天下平。——《礼记·大学》

【注释】

物格：即物被"格"，事物原理被深究。格，探究。

【浅译】

通过对事物研究后才能获得知识，获得知识后意念才能真诚，意念真诚后心意才能端正，心意端正后才能修养品性，品性修养后才能管好自己的家庭和家族，管好家庭和家族后才能治理好国家，治理好国家后天下才能太平。

19. 所谓诚其意者，毋自欺也，如恶恶臭，如好好色，此之谓自谦，故君子必慎其独也。——《礼记·大学》

【注释】

诚其意：使自己的内心真诚。毋：不要。恶（wù）恶（è）臭：讨厌难闻的气味。谦：通"慊"（qiè），满足，快乐。慎其独：在独处时也能严格要求自己。

【浅译】

所谓内心真诚，就是说不要自己欺骗自己，像厌恶难闻气味那样厌恶邪恶，像喜爱美色一样喜爱美好事物，这样才能内心快乐，所以君子在一个人独处的时候一定要严格要求自己。

20. 富润屋，德润身，心广体胖，故君子必诚其意。——《礼记·大学》

【注释】

胖（pán）：舒坦。

【浅译】

财富可以装饰房屋，品德可以修养自身，心胸宽广就会自身舒坦，所以君子必须使自己的内心真诚。

21. 与人以实，虽疏必密；与人以虚，虽戚必疏。——西汉·韩婴《韩诗外传》卷九

【注释】

戚：亲近。

【浅译】

诚实地对待他人，即使是不亲近的人也会渐渐亲密；虚情假意地对待他人，即使是亲近的人也会渐渐疏远。

22. 巧伪不如拙诚。——西汉·刘向《说苑·谈丛》

【浅译】

奸巧虚伪不如笨拙真诚。

23. 君子之言寡而实，小人之言多而虚。——西汉·刘向《说苑·谈丛》

【浅译】

君子的话少而真诚，小人的话多而虚假。

24. 有人则作，无人则辍之谓伪。观人者，审其作辍而已矣。——西汉·扬雄《法言·孝至》

【浅译】

有人在的时候就做，没人在的时候就停下来，这叫虚伪。观察人，只要考察他行为的始终（是否隐匿实情）就可以了。

25. 开心见诚，无所隐伏。——东汉·马援（南朝宋·范晔《后汉书·马援传》）

【说明】

马援,字文渊。扶风郡茂陵县(今陕西省兴平市东北)人。西汉末年至东汉初年将领,东汉开国功臣之一。

【浅译】

对人要敞开胸怀,以诚相见,没有什么遮遮掩掩的。

26. 精诚所加,金石为亏。——东汉·王充《论衡·感虚篇》

【注释】

加:施及。亏:毁坏。成语"精诚所至,金石为开"的出处。

【浅译】

极度真诚所达到的地方,就连坚固的金石也会被感动得裂开。

27. 高论而相欺,不若忠论而诚实。——东汉·王符《潜夫论·实贡》

【说明】

王符,字节信。安定临泾(今甘肃省镇原县东南)人。东汉政论家、文学家、思想家。

【浅译】

与其高谈阔论,相互欺骗,不如忠诚地说出自己的想法并真诚对待。

28. 孔子曰:"欲人之信己也,则微言而笃行之。"笃行之则用日久,用日久则事著明,事著明则有目者莫不见也,有耳者莫不闻也,其可诬哉!——东汉·徐幹《中论·贵验》

【说明】

徐幹,字伟长。北海(治今山东省潍坊市西南)人。东汉末文学家、哲学家、诗人,"建安七子"之一。以诗、辞赋、政论著称,著有《中论》《答刘桢》《玄猿赋》等。

【注释】

其：通"岂"，难道，表示诘问。

【浅译】

孔子说："想让别人信服自己，应当少说而认真去做。"认真去做，效果就会越来越长久；效果日益长久，事情就会更加明晰；事情明晰，则有目共睹，有耳皆闻，谁还能歪曲事实呢？

（二）魏晋南北朝篇

29. 石以坚为性，君勿惭素诚。——南朝宋·鲍照《拟古八首》

【注释】

惭：羞愧。"惭"字张溥本作"轻"，轻视。素诚：一说诚挚的本性。一说一向蓄于内心的真情实意。

【浅译】

石头以坚硬为本性，你千万不要后悔保持真诚的本性（或译你千万不要羞愧内心的真情实感）。

（三）隋唐五代宋辽金篇

30. 推之以诚，则不言而信。——隋·王通《中说·周公篇》

【浅译】

推心置腹，以诚待人，不说话也会取得人们的信任。

31. 诚非致虚，君子不行诡道。祸由己生，小人难于胜己。——隋·王通《止学》

【注释】

诡道：诡诈之术。

【浅译】

真诚不能靠虚伪得来，君子不使用诡诈之术。祸患由自身产生，小人很难战胜自己。

32. 轻财好施，推诚接物。——唐·房玄龄等《晋书·刘元海载记》

【浅译】

轻视财货，喜欢施舍给人；推心置腹，真诚地对待事物。

33. 竭诚则吴越为一体，傲物则骨肉为行路。——唐·魏徵《谏太宗十思疏》

【注释】

行路：如同行走在路上的陌生人。

【浅译】

竭尽自己的真诚，即便像吴国和越国那样的世仇也会团结为一体；态度傲慢，即使是骨肉血亲也会形同路人。

34. 不诚于前而望诚于后，必给而不信矣。——唐·陆贽（北宋·欧阳修等《新唐书·陆贽传》）

【说明】

"不诚于前而望诚于后，必给而不信矣"又作"不诚于前而曰诚于后，众必疑而不信矣"，见于北宋司马光《资治通鉴·唐纪四十五》。

【注释】

给（dài）：疑惑。

【浅译】

以前不诚实而想着之后再讲诚信,人们必然会因为疑心而不再相信。

35. 文以行为本,在先诚其中。——唐·柳宗元《报袁君陈秀才避师名书》

【浅译】

读书人以修养德行为根本,而在德行中以诚实为先。

36. 人之操履无若诚实。——北宋·杨亿(南宋·朱熹、南宋·李幼武《宋名臣言行录》)

【说明】

杨亿,字大年。建州浦城(今属福建)人。北宋大臣、文学家,"西昆体"诗歌的代表作家。为人耿介,博览强记,参修《宋太宗实录》(简称《太宗实录》),主修《册府元龟》。编《西昆酬唱集》,有《杨文公谈苑》《武夷新集》等。

【注释】

操履:操守,操行。

【浅译】

人的操守没有比诚实更重要的。

37. 待物莫如诚,诚真天下行。——北宋·邵雍《待物吟》

【浅译】

待人接物没有比真诚更重要的了,真诚就可以走遍天下。

38. 诚者,圣人之本。——北宋·周敦颐《通书·诚上》

【浅译】

真诚,是成为杰出人物的根本。

39. 君子乾乾不息于诚。——北宋·周敦颐《通书·乾损益动》

【注释】

乾乾：自强不息貌。

【浅译】

品德高尚的人对至诚的追求永不停息。

40. 诚之所感，触物皆通。——北宋·吴处厚《青箱杂记》

【说明】

吴处厚，字伯固。邵武（今福建省邵武市）人。宋仁宗皇祐五年（1053年）进士。著有《青箱杂记》。

【浅译】

真诚可以感动一切。

41. 诚则信矣，信则诚矣。——北宋·程颐（北宋·程颢、程颐《二程集·遗书卷·畅潜道录》）

【说明】

程颐（yí），程颢（hào）胞弟，字正叔，世称伊川先生。二人为河南府洛阳（今河南省洛阳市）人，都曾就学于周敦颐，进而开创"洛学"；并同为宋明理学的奠基者，世称"二程"，《二程集》是程颢、程颐全部著作的汇集。《畅潜道录》为伊川先生（程颐）语。

【浅译】

诚实就是讲信用，讲信用就是诚实。

42. 修学不以诚，则学杂；为事不以诚，则事败。——北宋·程颐（北宋·程颢、程颐《二程集·遗书卷·畅潜道录》）

【注释】

修学：研习学问。

【浅译】

研究学问不真诚，学业就会杂乱；做事不真诚，事情就会失败。

43. 诚无不动者，修身则身正，治事则事理，临人则人化，无往而不得，志之正也。——北宋·程颢、程颐《二程集·粹言卷·论道篇》

【浅译】

没有真诚打动不了的，用来修身，可以使自身品行端正；用来做事，可以把事情办得妥当；用于待人，可以感化他人；没有什么想做而做不成的，这就是品行端正的结果。

44. 进学不诚则学杂，处事不诚则事败，自谋不诚则欺心而弃己，与人不诚则丧德而增怨。——北宋·程颢、程颐《二程集·粹言卷·论学篇》

【注释】

进学：研究学问。

【浅译】

研究学问不真诚，学业就会杂乱；做事不真诚，事情就会失败；自我谋划不真诚，就会欺骗自己的内心而自我抛弃；和别人交往不真诚，就会丧失道德而增加别人的怨恨。

45. 诚者，真实无妄之谓。——南宋·朱熹《四书章句集注·中庸章句》

【浅译】

诚，就是真实无虚假。

46. 思诚为修身之本，而明善又为思诚之本。——南宋·朱熹《四书章句集注·孟子集注·离娄章句上》

【浅译】

追求诚信是修养身心的根本，明白哪些是应该做的善事，又是坚持诚信的根本。

47. 行之以忠者，是事事要着实。——南宋·朱熹（南宋·黎靖德编《朱子语类·论语·子张问政章》）

【浅译】

以忠诚为行事准则的人，事事都要求实在。

（四）元明清篇

48. 受人之托，必当终人之事。——元·高明《琵琶记》第五出

【说明】

高明，字则诚，号菜根道人。瑞安（今属浙江）人。元末明初戏曲作家，代表作《琵琶记》。

【浅译】

接受了别人的请托，一定要把别人的事情办好。

49. 一诚足以消万伪。——明·曹端《曹端集·曹月川先生录粹》

【说明】

曹端，字正夫，号月川。渑池（今属河南）人。明初著名学者、理学家。

【浅译】

一种诚实足以能够消除万种虚伪。

50. 以诚感人者，人亦以诚应；以诈御人者，人亦以诈应。——明·薛瑄《读书录》卷七

【注释】

御：对待。

【浅译】

以诚实感动人的，别人也会以诚实对待他；以欺诈对待别人的，别人也会以欺诈对待他。

51. 出处每怀心耿耿，是非谁较论悠悠。——明·于谦《遣怀》

【注释】

出：指出仕做官。处：指不做官而居家。耿耿：忠诚貌。较：计较。悠悠：众多。

【浅译】

无论是做官还是居家，都怀着赤诚之心，谁还会计较对自己众多的是非评论呢？

52. 事上宜以诚，诚则无隙，故宁忤而不欺。不以小过而损大节，忠也，智也。——明·张居正《权谋残卷·事上》

【注释】

隙：嫌隙，猜忌。忤（wǔ）：顶撞。

【浅译】

对待上级应该真诚，真诚就没有猜忌，所以宁可当面顶撞上级，也不要蒙骗他。不要因为自己犯的小错而损伤大节，这是忠诚，也是智

慧。

53. 事君以忠，不涓细流。待人以诚，不留小隙。——明·张居正《权谋残卷·事上》

【注释】

涓：除去，舍弃。

【浅译】

用忠诚侍奉君上，连小细节也不要放过。用真诚对待他人，不留产生小嫌隙的可能。

54. 瞒人之事弗为，害人之心弗存，有利于国之事虽死不避。——明·耿定向《先进遗风》卷下

【说明】

耿定向，字在伦，又字子衡，号楚侗，人称天台先生。明代湖广黄州府黄安县（今湖北省黄冈市红安县）人。著有《耿子庸言》《先进遗风》《耿天台文集》等。

【浅译】

欺瞒人的事情不要做，危害人的心思不要有，对国家有益的事即使会死也不要回避。

55. 诺而寡信，宁无诺；予而喜夺，宁无予。——明·彭汝让《木几冗谈》

【说明】

彭汝让，字钦之，明代青浦（今上海市青浦区）人。生平不详。所撰《木几冗谈》为随笔杂谈式文集。

【浅译】

许诺了却很少守信兑现，那就宁可不许诺；给予了别人却又喜欢变

着方式索取回来，那就宁可不给予别人。

56. 身不正不足以服，言不诚不足以动。——明·徐祯稷《耻言》

【说明】

徐祯稷，字叔开，号余斋。明代松江府华亭（今上海市松江区）人。在四川为官多年，以清惠称。著有《耻言》《明善堂诗稿》等。

【浅译】

自身不正不足以让人信服，说话不真诚不足以感动他人。

57. 遇事只一味镇定从容，纵纷若乱丝，终当就绪；待人无半毫矫伪欺隐，虽狡如山鬼，亦自献诚。——明·洪应明《菜根谭》

【浅译】

遇事只要一直镇定从容，事情就算纷杂如乱丝，最终也会理出头绪；对待人没有半点矫情、虚伪、欺骗、隐瞒，就算是狡猾得像山鬼一样的人，也会向你献出诚意。

58. 修身处世，一诚之外更无余事。——明末清初·朱之瑜《朱舜水集·诚二首》

【说明】

朱之瑜，字鲁屿，号舜水。浙江余姚人。明末诸生。明末和南明曾三次被皇帝特征，未就，人称征君。曾辗转日本等国，图谋恢复明室。后定居日本，传授中国文化，精通经学，影响深远。明朝学者、教育家。著有《朱舜水集》。

【浅译】

修养身心，处理人际关系，除了一个"诚"字之外，就没有别的事了。

59. 于此见仙人之贵朴讷诚笃也。——清·蒲松龄《聊斋志异·蕙芳》

【注释】

讷：不善言谈。笃：忠实。

【浅译】

通过此事可以看出仙人最看重的是（为人）朴实敦厚。

60. 百虑输一忘，百巧输一诚。——清·顾图河《任运》

【说明】

顾图河，字书宣，号颖硕，江都（今江苏省扬州市）人。清文学家、藏书家。著有《雄雉斋集》《湖庄杂录》等。

【浅译】

百般思虑会失败在一次疏忽，百般智巧会失败在缺少一次诚信。

61. 感人以诚不以伪。——清·方苞《望溪集·读大诰》

【说明】

方苞，字灵皋，亦字凤九，晚年号望溪，亦号南山牧叟。安徽桐城人。康熙四十五年（1706年）进士，为学宗程、朱。论文主"义法"，重雅洁。为桐城派创始人。著有《望溪集》（或称《望溪先生文集》）。

【浅译】

感动别人靠的是真诚而不是虚伪。

62. 窃以为天地之所以不息，国之所以立，贤人之德业之所以可大、可久，皆诚为之也。——清·曾国藩《曾国藩全集·复贺长龄》

【注释】

窃：自谦之词，私下。

【浅译】

我个人以为,天地之所以能不停地运转,国家之所以能够立足,贤能之人的功德事业之所以能够做大做长久,都是因为真诚。

二、"信"——无信不立

(一)先秦两汉篇

1.忠信,所以进德也。——《周易·乾》

【浅译】

忠诚守信,可以增进美德。

2.人之所助者,信也。——《周易·系辞上》

【浅译】

对人最有帮助的就是守信。

3.夫轻诺必寡信,多易必多难。——《道德经·第六十三章》

【浅译】

轻易许诺必然缺少信誉,常把事情想得很容易做起来就必定会遇到很多困难。

4.信言不美,美言不信。——《道德经·第八十一章》

【浅译】

真实的话不美妙动听,辞藻华丽的言辞往往不真实。

5.失信不立。——《左传·襄公二十二年》

【浅译】

失去信誉,就很难在社会上立足。

6.君子之言,信而有征,故怨远于其身;小人之言,僭而无

征,故怨咎及之。——《左传·昭公八年》

【注释】

征:验证,确凿而有证据。僭(jiàn):超越本分,这里指乱说。咎(jiù):憎恨,灾祸。

【浅译】

君子的话,信实而有根据,所以能使怨恨远离自己;小人的话,乱说而没有根据,所以常招致怨祸。

7. 曾子曰:"吾日三省吾身:为人谋而不忠乎?与朋友交而不信乎?传不习乎?"——《论语·学而》

【注释】

省(xǐng):自我检查,反省。

【浅译】

曾子说:"我每天都要多次(或译从三个方面)反省自己:为别人办事(或译为上司谋划)尽心了吗?和朋友交往守信用了吗?老师传授的学业复习了吗?"

8. 与朋友交,言而有信。——《论语·学而》

【浅译】

与朋友交往,说话要算数。

9. 子曰:"君子不重则不威,学则不固。主忠信,无友不如己者,过则勿惮改。"——《论语·学而》

【注释】

重:庄重。威:威仪。无:毋,不要。过:过失,过错。惮:畏惧。

【浅译】

孔子说:"君子要庄重,不庄重就没有威严,所学的东西也不会牢固。人际交往中要以忠诚守信为原则,不与德才不如自己的人做朋友,如果有了过错不要害怕改正。"

10. 有子曰:"信近于义,言可复也。"——《论语·学而》

【注释】

信:所要遵守的诺言。近:符合。复:实践诺言。

【浅译】

有子说:"许下的诺言如果符合道义,所说的话就可以兑现。"

11. 人而无信,不知其可也。——《论语·为政》

【浅译】

作为一个人,却不讲信用,不知道这怎么可以?

12. 子以四教:文、行、忠、信。——《论语·述而》

【浅译】

孔子用四种内容教导学生:文献、品行、忠诚、守信。

13. 子贡问政。子曰:"足食,足兵,民信之矣。"子贡曰:"必不得已而去,于斯三者何先?"曰:"去兵。"子贡曰:"必不得已而去,于斯二者何先?"曰:"去食。自古皆有死,民无信不立。"——《论语·颜渊》

【说明】

后世多化用孔子这一言论。如《周书·于谨传》北周武帝(宇文邕)向三老(古代掌教化的乡官)请教时,三老所言"古人去食去兵,信不可失"即出自此。其他文献中又作"去食去兵,不可去信""去食去兵,信不可去""去食去兵,无信不立"等,意为可以去掉粮食,也可以去掉军队,但绝不能失去诚信。

【浅译】

子贡问怎样治理国家。孔子说:"粮食充足,军备充足,老百姓信任统治者。"子贡说:"如果不得不去掉一项,那么在三项中先去掉哪一项呢?"孔子说:"去掉军备。"子贡说:"如果不得不再去掉一项,那么这两项中去掉哪一项呢?"孔子说:"去掉粮食。自古以来人总是要死的,如果老百姓对统治者不信任,那么国家就不能存在了。"

14. 言必信,行必果。——《论语·子路》

【注释】

果:坚决。

【浅译】

说出的话一定要算数,行动起来一定要坚决。

15. 子夏曰:"君子信而后劳其民,未信则以为厉己也。信而后谏,未信则以为谤己也。"——《论语·子张》

【浅译】

子夏说:"君子应该先取得老百姓的信任,然后才能役使老百姓;如果未取得信任就去役使,老百姓就会以为是在虐待他们。君子应先取得君主的信任,然后才能去劝谏;如果未取得信任就去劝谏,君主就会以为是在毁谤他。"

16. 君子以行言,小人以舌言。——《孔子家语·颜回》

【浅译】

君子用个人行为说话来证明自己,小人只会用舌头说空话来证明自己。

17. 志不强者智不达,言不信者行不果。——《墨子·修身》

【浅译】

意志不坚强的人智慧也不通达,言语不诚实的人做事也不会有好结果。

18. 政者,口言之,身必行之。——《墨子·公孟》

【浅译】

为政的官员们,说到的必须做到。

19. 将者不可以不信,不信则令不行。——战国·孙膑《孙膑兵法·将义》

【浅译】

将领不可以不讲信誉,一旦失去信誉,军令就无法贯彻执行。

20. 言无常信,行无常贞,唯利所在,无所不倾,若是则可谓小人矣。——战国·荀况《荀子·不苟》

【注释】

常:恒常,固定。贞:原则。倾:倒出来,指竭尽全力。

【浅译】

说话没有基本的信誉,行为没有基本的原则,只要利益在哪里,便倾尽全力倒向哪里,像这样,就可以算是小人了。

21. 君子耻不修,不耻见污;耻不信,不耻不见信;耻不能,不耻不见用。——战国·荀况《荀子·非十二子》

【注释】

见:表示被动,相当于"被"。

【浅译】

君子以没有修养为耻,不以被诬蔑为耻;以不守信用为耻,不以不被信任为耻;以没有才能为耻,不以不被重用为耻。

22. 凡人主必信。信而又信，谁人不亲？……信立，则虚言可以赏矣。虚言可以赏，则六合之内皆为己府矣。信之所及，尽制之矣。制之而不用，人之有也。制之而用之，己之有也。己有之，则天地之物毕为用矣。——秦·吕不韦《吕氏春秋·离俗览·贵信》

【注释】

亲：亲附。赏：鉴别。六合：上下和四方，泛指天地和宇宙。

【浅译】

凡是君主一定要重视诚信。诚信再诚信，什么人会不来亲附呢？……诚信树立了，那么虚假的话就可以鉴别了。虚假的话可以鉴别，那么天地四方就都成为自己的了。诚信所达到的地方，就都能够控制了。能够控制却不加以利用，仍然会为他人所有。能够控制而又加以利用，才会为自己所有。自己拥有了天下，那么天下的事物就全都为自己所用了。

23. 君臣不信，则百姓诽谤，社稷不宁；处官不信，则少不畏长，贵贱相轻；赏罚不信，则民易犯法，不可使令；交友不信，则离散郁怨，不能相亲；百工不信，则器械苦伪，丹漆染色不贞。夫可与为始，可与为终，可与尊通，可与卑穷者，其唯信乎！信而又信，重袭于身，乃通于天。以此治人，则膏雨甘露降矣，寒暑四时当矣。——秦·吕不韦《吕氏春秋·离俗览·贵信》

【注释】

苦伪：粗劣作假。苦，郑玄认为读若"盬"，不牢固。贞：纯正。袭：衣上加衣，此处指重叠。

【浅译】

国君大臣不诚信，则老百姓就会批评指责，国家就不会安宁；做官的不诚信,则年少的就不敬畏年长的,地位尊贵的和地位低贱的就相互轻视;赏罚不诚信,则老百姓就容易做触犯法律的事,法令就不好推行;结交朋友不诚信,则朋友就会离散并积结怨恨,不能相互亲近;各种工匠不诚信,则制造的器械就会粗劣作假,丹漆等颜料就不纯正。可以跟它一同开始,可以跟它一起终结,可以跟它一同尊贵显达,可以跟它一同卑微穷困的,恐怕只有诚信吧!诚信了再诚信,诚信重叠在身上,就会与天意相通。靠这来治理人,那么滋润大地的雨水和甘露就会降下来,寒暑四季的运行变化就正常了。

24. 听言之道,必以其事观之,则言者莫敢妄言。——西汉·贾谊《治安策》

【浅译】

听取别人建议的办法是,必须用事实检验他的话是否可行,这样建议的人就不敢不负责任地乱讲了。

25. 马先驯而后求良,人先信而后求能。——西汉·刘安《淮南子·说林训》

【浅译】

马先看是否能被驯服,而后再看是否优良;人应当先看是否讲信用,然后再看他的能力如何。

26. 得黄金百斤,不如得季布一诺。——西汉·司马迁《史记·季布栾布列传》

【说明】

"得黄金百斤,不如得季布一诺"又作"得黄金百,不如得季布一诺"。

【注释】

季布:为霸王项羽帐下五大将之一,以信守承诺著名。"一诺千金"的成语即出于此。

【浅译】

与其获得百斤黄金,不如得到季布的一个承诺。

27. 能言而不能行者,君子耻之矣。——西汉·桓宽《盐铁论·能言》

【浅译】

只能说而不能做的人,君子以他为耻辱。

28. 君子履信无不居兮,虽之蛮貊何忧惧兮?——东汉·班彪《北征赋》

【注释】

蛮:古代对南方少数民族的泛称。貊(mò):古代对北方少数民族的泛称。

【浅译】

君子履行诚信之道,就没有不可居处的地方;即使到了未开化的少数民族地区,又有什么可惧怕的呢?

29. 忠信谨慎,此德义之基也;虚无谲诡,此乱道之根也。——东汉·王符《潜夫论·务本》

【注释】

谲诡(jué guǐ):多变不定,狡诈。

【浅译】

忠诚、守信、严谨、谨慎,这些都是美德道义的根本;虚伪不实、狡诈多变的行为，这是祸乱的根源。

（二）魏晋南北朝篇

30. 言过其实，不可大用。——三国·蜀·刘备（西晋·陈寿《三国志·蜀书·马谡传》）

【浅译】

说话浮夸超过实际的人，不可重用。

31. 勿恃功能而失忠信。——旧题 三国·蜀·诸葛亮《将苑·出师》

【浅译】

不要仗着功劳显赫就失去忠诚守信的品质。

32. 面从后言，古人之所诫也。——三国·蜀·蒋琬（西晋·陈寿《三国志·蜀书·蒋琬传》）

【说明】

蒋琬，字公琰。零陵湘乡（今属湖南）人。三国时期蜀汉宰相。

【注释】

面：表面；当面。后言：背后议论。

【浅译】

当面服从而背后乱议论，这是古人最忌讳的。

33. 祸莫大于无信。——西晋·傅玄《傅子·义信》

【浅译】

祸患没有比不讲诚信更大的了。

34. 以信待人，不信思信；不信待人，信思不信。——西晋·傅玄《傅子·义信》

【注释】

信思不信:一作"信斯不信"。

【浅译】

用诚信的态度对待人,即使别人原先不信任的,也会变得想信任;用虚伪不讲诚信的态度对待人,即使别人原先信任的,也会变得不想信任。

35. 以信接人,天下信之;不以信接人,妻子疑之。——西晋·杨泉《物理论》

【说明】

杨泉,字德渊,别名杨子。梁国(治今河南省商丘市南)人。西晋时期哲学家,玄学崇有派代表人物。著有《物理论》。

【浅译】

以诚信的态度对待别人,天下人都会信任你;不以诚信的态度对待别人,就连自己的妻子与孩子都会怀疑你。

36. 信者行之基,行者人之本。——北齐·刘昼《刘子·履信》

【浅译】

诚信是行动的基础,行动是做人的根本。

(三)隋唐五代宋辽金篇

37. 丈夫一言许人,千金不易。——唐·李渊(北宋·司马光《资治通鉴·唐纪二》)

【注释】

丈夫:犹言"大丈夫",有所作为的人。

【浅译】

大丈夫许诺别人的一句话，即使千金也不能改变。

38. 立身存笃信，景行胜将金。——唐·王梵志《立身存笃信》

【注释】

景行：高尚品行。将：拿，持。

【浅译】

为人处世能诚挚守信，这种高尚的德行，胜过手中拥有千金。

39. 百金孰云重，一诺良匪轻。——唐·卢照邻《咏史四首》其一

【注释】

良：的确。匪：通"非"，非常。

【浅译】

谁说百斤黄金重呢？与一诺相比的确是非常轻的。

40. 兄弟敦和睦，朋友笃信诚。——唐·陈子昂《座右铭》

【注释】

敦、笃：原义都是厚实的意思，这里都指重视、重要。

【浅译】

兄弟之间最重要的是和睦，朋友之间最重要的是诚信。

41. 海岳尚可倾，吐诺终不移。——唐·李白《酬崔五郎中》

【浅译】

海水可以干枯，高山能够崩塌，但许下的诺言始终不可改变。

42. 一诺许他人，千金双错刀。——唐·李白《叙旧赠江阳宰陆调》

【注释】

双错刀:两把金刀。一说错刀是王莽时期的钱币名字,一说是用金子打造的刀的名字,都很贵重。

【浅译】

许给他人的诺言,要比用千金打造的金刀还贵重。

43. 三杯吐然诺,五岳倒为轻。——唐·李白《侠客行》

【注释】

五岳:指东岳泰山、南岳衡山、西岳华山、北岳恒山、中岳嵩山。

【浅译】

喝了三杯酒以后许下的诺言,比五座大山还重。

44. 尝闻履忠信,可以行蛮貊。——唐·刘禹锡《游桃源一百韵》

【注释】

尝:曾经。履:践行。

【浅译】

曾经听说践行忠诚信实,就可行走在未开化的少数民族地区。

45. 君子表不隐里,明暗同度。——唐·马总《意林·魏子》

【说明】

马总,字会元(《道藏》本作"元会")。扶风(今陕西省宝鸡市)人。唐朝中期大臣、学者。著有《意林》。

【注释】

度:想法。

【浅译】

君子表里如一,嘴里说的和心里想的都一样。

46. 说得便须行得，方名言行无亏。——北宋·张伯端《西江月》其十一

【说明】

张伯端，一名用成，字平叔，号紫阳。台州天台（今浙江省台州市天台县）人。北宋时期著名高道，被奉为全真道南宗五祖之一。著有《悟真篇》。

【注释】

名：称得上。亏：缺。

【浅译】

说到就必须做到，这才叫作言行一致。

47. 夫信者，人君之大宝也。国保于民，民保于信；非信无以使民，非民无以守国。——北宋·司马光《资治通鉴·周纪二》

【浅译】

诚信，是君主至高无上的法宝。国家靠人民来保卫，人民靠诚信来保护；不讲诚信无法役使人民，没有人民便无法守护国家。

48. 自古驱民在信诚，一言为重百金轻。——北宋·王安石《商鞅》

【浅译】

自古以来，执政者想要管理好百姓，关键在于守信诚实，说出的话要比百斤黄金还重。

49. 言而不行，是欺也。君子欺乎哉？不欺也。——北宋·程颢、程颐《二程集·遗书卷·二先生语》

【浅译】

说了不去做，就是欺骗。君子能做欺骗人的事吗？不能做啊！

50. 忠信，礼之本，人无忠信，则不可以为学。——北宋·程颢、程颐《二程集·外书卷·朱公掞录拾遗》

【浅译】

忠诚信义，是礼义的根本，一个人没有忠诚和信义，就不能做学问。

51. 不信不立，不诚不行。——北宋·程颐（北宋·程颢、程颐《二程集·遗书卷·畅潜道录》）

【浅译】

不守信就无法立身，不诚实就做不成事情。

52. 四端之信，犹五行之土，无定位，无成名，无专气，而水、火、金、木无不待是以生者。——南宋·朱熹《四书章句集注·孟子集注·公孙丑章句上》

【注释】

四端：恻隐之心，仁之端也；羞恶之心，义之端也；辞让之心，礼之端也；是非之心，智之端也。五行：金、木、水、火、土五种元素，其中土是基础。位：地位。待：依靠。

【浅译】

就四端而言，诚信就像是五行中的土一样，没有高的地位，没有显赫的名声，没有专门的气，然而五行之中的水、火、金、木都无不依赖土而存在。

（四）元明清篇

53. 善疑人者，必不足于信；善防人者，必不足于智。——明·刘基《郁离子·任己者术穷》

【浅译】

总是怀疑别人的人,必定不足以让人信任;总是提防别人的人,必定不够智慧。

54. 人无忠信,不可立于世。——明·薛瑄《读书续录》卷六

【浅译】

一个人没有忠诚和信誉,就不能立足于世上。

55. 诚意孚于未言之前,则言出而人信之。——明·薛瑄《读书录》卷七

【注释】

孚:为人所信服。而:更加。

【浅译】

在没有开口之前人们便相信他的诚意,话说出来之后,自然就会让人更加信服了。

56. 实言、实行、实心,无不孚人之理。——明·吕坤《呻吟语·应务》

【浅译】

说话实在,办事实在,为人实在,就没有不使人信服的道理。

57. 生来一诺比黄金,那肯风尘负此心。——明末清初·顾炎武《推官二子执后欲为之经营而未得也而二子死矣》

【注释】

那:通"哪"。风尘:困顿的境况。

【浅译】

我生来就将诺言看得和黄金一样贵重,怎么能因为身陷困顿而背信弃义呢?

58. 凡出言，信为先，诈与妄，奚可焉。——清·李毓秀《弟子规》

【浅译】

凡是说出的话，诚信为先，欺诈与胡说，那怎么可以呢?

59. 一信字是立身之本，所以人不可无也。——清·王永彬《围炉夜话》

【浅译】

一个"信"字是人立身的根本，所以人不能没有信誉。

60. 中孚以涉大川，忠信可行蛮貊。——清·曾国藩《曾国藩全集·书信之三·复潘曾玮》

【注释】

中孚：六十四卦卦名之一。《易·中孚》："中孚，豚鱼吉，利涉大川，利贞。" 孔颖达疏："信发于中，谓之中孚。"此卦为论述如何取信于民和信及天下之卦。后以"中孚"指诚信。

【浅译】

诚实守信，就能涉过危险的大江大河；忠诚信实，就可行走在未开化的少数民族地区。

61. 非直谅多闻之人，不能得直谅多闻之友。——清·申居郧《西岩赘语》

【注释】

谅：信实。

【浅译】

不是正直、信实、见闻广博的人，就不能得到正直、信实、见闻广博的朋友。

第六章 志 学

"志"的字形从金文、简帛文字到篆文皆是从心之（㞢）声，如中山王䇞壶中的"㞢集成9735"、包山楚简中的"㞢包2.119"、篆文"㞢说文"等。从"心"表示与内心的所思所想有关，而"之"不仅表音，亦表明内心所向为志。《说文解字》释为"意也"，《毛诗序》曰"在心为志"。"志"，就是人的志向。需要说明的是，在古代，"志"与"誌"是含义不同的两个字，在表示"记载"或"记载的文字、文章"之义时，"志"同"誌"。例如，《周礼·春官》"小史掌邦国之志"（郑众云："志，谓记也。"）与《汉书》十志中的"志"，俱与"誌"同。但在表示志向时，古代仅用"志"。如孔子所说的"各言其志"（《论语·先进》）、陈涉的"燕雀安知鸿鹄之志哉"（《史记·陈涉世家》）以及班超的"小子安知壮士志哉"（《后汉书·班超传》）等。

"学"字产生的时间较早，甲骨文作"㸚合集1822正""㸚合集20101""㸚合集8732"等。第一个字例由"宀""乂（爻省）"构成，"宀"为房屋之象，表示施教、受教之所，而"爻"为声符，或省略一半作乂；第二个字例则多了双手，当表示学习用手；第三个字例则是省略了表示场所的"宀"，从双手从爻声。至迟到了西周时期，"学"的字形基本定型。如西周早期有沈子它簋盖中的"［字］集成4330"、大盂鼎中的"［字］集成2837"两种主要字形，都增加了表示受教者的"子"作义符。战国时期的简文字形有"［字］郭·老乙·3""［字］睡·秦111"等。其后，篆文字形作"［字］说文""［字］说文"；隶书字形作"［字］高彪碑""［字］孔龢碑"等。《说文解字》称篆文"斅"是"斅"的省形，段玉裁解释说："作斅从教，主于觉人。秦以来去攵作學，主于自觉。"认为"學"是"斅"因秦以后强调学习的自觉性而省略了"攵（攴）"。前已指出，西周早期沈子它簋盖、大盂鼎中两种字形并见，斅并非后出。不过，古代施受同词，教学同字。故《尚书》的《说命》篇称"惟斅學半"（斅，教也），两字形有所区别，《礼记·学记》中对此句亦有称引，却是没有区别"斅""學"两种字形：是故学然后知不足，教然后知困。知不足，然后能自反也。知困，然后能自强也。故曰：教学相长也。《兑命》曰："学学半。"其此之谓乎？

孔颖达疏作："《兑命》曰'学学半'者，上'学'为教，音教；下'学'者，谓习也，谓学习也。言教人乃是益己学之半也。"可以看出，"学学半"中的第一个"学"为教导义，对应《尚书·说命》篇的"斅"；而第二个"学"为学习义，对应《尚书·说命》中的"學"。"学学半"意为教人也是更好的学习。正因为"教"与"学"的关系是密不可分的，所以"教"是"上所施下所效也"（《说文解字》），而"学"也有"教也""效也"（《广雅》）之义。"学"的字形、字义发展透露出古人"教学相长"的教育理念。

"志学"在古代特指专心求学，语出《论语·为政》中孔子的"吾十有五而志于学"。《魏书·刁冲传》"冲免丧后便志学他方"，唐代白行简《李娃传》"（李娃）因令生斥弃百虑以志学"等，皆是"志于学"的发展与沿用。此外,"志学"也被用来代指十五岁,曹植《武帝诔》"年在志学,谋过老成"中的"志学"即为此义。

立志成材,勤奋好学,是一种积极进取、奋发向上的价值追求。正如明朝心学大师王阳明所言:"故立志者,为学之心也;为学者,立志之事也。"(《王文成公全书·书朱守谐卷》)确立志向是学习的动力,而学习是为了实现所立下的志向。也就是说,立志是好学的前提与动力,好学是成材的基础与途径。其实早在几千年前,先民就已有此认识,《尚书·商书·说命下》记载傅说曾对商王讲道:"惟学逊志,务时敏,厥修乃来。"意思是说,学习要按着自己的志向,敏于求知,才会有学问修养。此后,诸葛亮所讲的"非学无以广才,非志无以成学"(《诫子书》),徐幹所说的"志者,学之师也;才者,学之徒也"(《中论·治学》),都认识到了志向是学习的先导,而才能是学习的成果。这些先贤哲思给予我们宝贵的人生启示。

其一,学习先要立志。东晋葛洪所言"学之广在于不倦,不倦在于固志"(《抱朴子·崇教》),强调的就是志向坚定对学习的支撑作用。南宋朱熹曾反复强调"学者大要立志"(《朱子语类·总论为学之方》),吕祖谦亦指出"学者志不立,一经患难,愈见消沮,所以先要立志"(《丽泽讲义》),申居郧更认为学问和品格都需要凭志气完成:"人品,学问,俱成于志气;无志气人,一事做不得。"(《西岩赘语》)中国古代文明是农业文明,生产力低下,科技和商业都不发达,人生道路的可选范围比较狭窄,受科举取士制度的影响,人们普遍信奉"万般皆下品,惟有读书高"的价值观,认为学习是改变命运的最好途径。我们今天的学习,已远不再局限于古人的苦读"圣贤书",但立志苦学的精神永远不会"时过境迁"。

其二，立志应当高远。诸葛亮说过"志当存高远"（《诫外生书》）。北宋张载更是先后提出"志大则才大、事业大"（《正蒙·至当篇》）、"人若志趣不远，心不在焉，虽学无成"（《经学理窟·义理》）、"志小则易足，易足则无由进"（《经学理窟·学大原下》）等至理名言。古往今来，每一个对人类做出较大贡献的人，无不归因于他们具有远大的理想，这一点更是需要今天的我们所要效法并弘扬的。

其三，勤学方能成才。子夏所言"君子学以致其道"（《论语·子张》），《礼记·学记》所载"玉不琢，不成器；人不学，不知道""学然后知不足""知不足，然后能自反也"，王守仁说的"已立志为君子，自当从事于学"（《教条示龙场诸生·勤学》）等，都不乏启示意义。在社会发展日新月异的当代，努力学习，掌握丰富的知识和专业技能，才能具备更强的竞争力。

朱熹曾对具体的学习方法做了专门的讨论和总结，其著名的"三到说"云："余尝谓：读书有三到，谓心到、眼到、口到。心不在此，则眼不看子（仔）细，心眼既不专一，却只漫浪诵读，决不能记，记亦不能久也。三到之中，心到最急。心既到矣，眼口岂不到乎？"（《训学斋规》）又言："读书，放宽着心，道理自会出来。若忧愁迫切，道理终无缘得出来。"（《朱子语类·读书法上》）如上经验之谈，对今天的读书学习仍颇为实用。

一、"志"——有志竟成

（一）先秦两汉篇

1. 天行健，君子以自强不息。——《周易·乾》

【注释】

行：运行，运转。健：强壮有力。

【浅译】

天体的运行强健有力，君子应该以它为榜样，自觉地努力向上，永不停息。

2. 功崇惟志，业广惟勤。——《尚书·周书·周官》

【浅译】

取得崇高的功绩，在于有崇高的志向；完成伟大的功业，在于辛勤不懈地努力。

3. 知人者智，自知者明。胜人者有力，自胜者强。知足者富，强行者有志。——《道德经·第三十三章》

【浅译】

能了解别人叫作智慧，能了解自己才叫聪明。能战胜别人说明有力气，能战胜自己才算强大。知道满足的人是真正的富有，行动强的人就是有志向。

4. 士不可以不弘毅，任重而道远。——《论语·泰伯》

【注释】

弘毅：弘大坚毅，指抱负远大、意志坚强。

【浅译】

读书人不可以不抱负远大、意志坚强，因为他责任重大，要走的路很长。

5. 子曰："吾十有五而志于学，三十而立，四十而不惑，五十而知天命，六十而耳顺，七十而从心所欲，不逾矩。"——《论语·为政》

【注释】

有：又。三十而立：一说指孔子三十岁左右建立了自己稳定的思想体系（包括人生观、处世原则等；李泽厚称泛指"人格的成熟"）。一说指孔子30岁时能实行周礼，站得住脚。一说指孔子30岁时学有成就。天命：当指人类社会和自然规律，不是指人格化的上帝安排。逾：越过，超过。

【浅译】

孔子说："我十五岁，开始立志专心学习；三十岁，能自立于世；四十岁，遇到各种事物不致迷惑；五十岁，懂得了什么是天命；六十岁，什么不同意见都能听得进去，宠辱不惊（或译一听别人言语，便可以辨别真假，判明是非）；到了七十岁，便随心所欲做一切事情，也不会越出规矩了。"

6. 子曰："士志于道，而耻恶衣恶食者，未足与议也。"——《论语·里仁》

【浅译】

孔子说："读书人有志于探索真理，但却以穿破衣、吃粗粮为耻辱的人，就不值得同他讨论道了。"

7. 子曰："三军可夺帅也，匹夫不可夺志也。"——《论语·子罕》

【注释】

三军：军队的统称。古代军队分中路军、左路军、右路军。

【浅译】

孔子说:"一支军队可以被夺去主帅,但一个男子汉却不可被夺去志向。"

8. 居下而无忧者,则思不远;处身而常逸者,则志不广。庸知其终始乎?——《孔子家语·在厄》

【注释】

庸:岂,怎么,难道。

【浅译】

身居下位而没有忧虑的人,他的想法则不会深远;身心常处于安逸之中的人,他的志向则不会广大。怎么知道他将来的结局如何呢?

9. 志不强者智不达。——《墨子·修身》

【浅译】

意志不坚定的人,智慧也不通达。

10. 故天将降大任于是人也,必先苦其心志,劳其筋骨,饿其体肤,空乏其身,行拂乱其所为。所以动心忍性,曾益其所不能。——《孟子·告子下》

【注释】

空乏:困乏,困顿。身:生,当指人生。拂乱:搅乱。所为:所想要作为的,即所想要达到的目标。曾:通"增"。

【浅译】

所以上天将要把重大历史责任降落在某个人身上时,必定要先使他的内心志向遭受痛苦,使他的筋骨经历辛劳,使他的躯体忍受饥饿,使他的人生承受困苦,每一个行为都往往事与愿违。通过这些磨炼使得他内心警觉,性情坚忍,增加他原来所不具备的才能。

11. 志士不忘在沟壑，勇士不忘丧其元。——《孟子·滕文公下》

【注释】

志士：有远大志向的人。沟壑（hè）：山沟。元：脑袋。

【浅译】

志士不怕抛尸山野，勇士不怕丢掉脑袋。

12. 夫志，气之帅也；气，体之充也。夫志至焉，气次焉。故曰："持其志，无暴其气。"——《孟子·公孙丑上》

【注释】

次：停留。暴：乱也。

【浅译】

思想意志是情感意气的主导，情感意气是身体的填充。思想意志关注到哪里，情感意气就停留到哪里。所以说："要把握住思想意志，不要妄动情感意气。"

13. 路曼曼其修远兮，吾将上下而求索。——战国·屈原《离骚》

【注释】

修：长。

【浅译】

尽管道路漫长而遥远，我还是要为追求真理而上天入地去探求。

14. 无冥冥之志者，无昭昭之明；无惛惛之事者，无赫赫之功。——战国·荀况《荀子·劝学》

【注释】

冥冥：原为昏暗不明的样子，这里形容潜心专一。昭昭：与"冥冥"

相对，原为明亮的样子，这里指明辨事理。惛惛（hūn）：原指糊糊涂涂的样子，这里形容埋头专一。赫赫：与"惛惛"相对，显耀盛大的样子。

【浅译】

没有潜心专一的意志，就不会有洞察一切的聪明；没有专注于一种事业的志向，就不会有显赫卓著的功绩。

15. 志之难也，不在胜人，在自胜也。——战国·韩非《韩非子·喻老》

【浅译】

立志的困难，不在于胜过别人，而在于战胜自己。

16. 知止而后有定，定而后能静，静而后能安，安而后能虑，虑而后能得。——《礼记·大学》

【注释】

止：止境，最高境界。

【浅译】

知道了所要达到的境界，志向才能坚定；志向坚定了，心意才能宁静；心意宁静了，情性才能安和；情性安和了，对事物才能深思熟虑；深思熟虑了，处理事物才能得当。

17. 敖不可长，欲不可从，志不可满，乐不可极。——《礼记·曲礼上》

【注释】

敖：通"傲"，傲慢。从（zòng）：古同"纵"，放纵。

【浅译】

傲慢不可以滋长，欲望不可以放纵，志意不可以太满，高兴不能过了头。

18. 心不专一，不能专诚。——西汉·刘安《淮南子·主术训》

【浅译】

心不专一，就不能集中精力做事。

19. 人无善志，虽勇必伤。——西汉·刘安《淮南子·主术训》

【浅译】

一个人如果没有好的志向，即使勇敢，也必定会遭受挫折。

20. 燕雀安知鸿鹄之志哉？——西汉·司马迁《史记·陈涉世家》

【注释】

燕雀：燕子和麻雀，比喻微贱或志向小的人。鸿鹄：鸿指大雁，鹄指天鹅，鸿鹄是古人对飞行高远鸟类的通称，常用来比喻志向远大的人。

【浅译】

燕子和麻雀怎么会知道大雁和天鹅的志向呢？

21. 不为穷变节，不为贱易志。——西汉·桓宽《盐铁论·地广》

【说明】

注译见第40~41页第14条。

22. 有志者事竟成也。——东汉·刘秀（南朝宋·范晔《后汉书·耿弇传》）

【说明】

刘秀，即光武帝，东汉开国皇帝，谥号光武，庙号世祖，安葬于原陵。《后汉书·耿弇传》载此言出自刘秀。

【浅译】

有志气的人,做事终究能够成功。

23. 志不求易,事不避难。——东汉·虞诩(南朝宋·范晔《后汉书·虞诩传》)

【说明】

虞诩,字升卿,小字定安。陈国武平(今河南省鹿邑县西北)人。东汉时期名臣,为官清正廉明,刚正不阿。

【浅译】

立志不追求容易实现的目标,做事不回避困难。

24. 显誉成于僚友,德行立于己志。——东汉·郑玄(南朝宋·范晔《后汉书·郑玄传》)

【浅译】

显赫声誉成就于同僚朋友之中,道德品行确立在自己的志向之上。

25. 老骥伏枥,志在千里。烈士暮年,壮心不已。——东汉·曹操《步出夏门行·龟虽寿》

【注释】

骥:良马,千里马。伏枥:就着马槽吃食。枥,马槽,养马的地方。烈士:志向远大的英雄。壮心:宏大的志向。已:停止,衰减。

【浅译】

老马虽然俯首在马槽,但它的志向仍是驰骋千里。英雄到了晚年,壮志雄心仍不衰减。

26. 学者不患才之不赡,而患志之不立。——东汉·徐幹《中论·治学》

【注释】

赡（shàn）：充裕，足够。

【浅译】

治学的人不忧虑才学的不足，而忧虑志向不立。

27. 志者，学之师也；才者，学之徒也。——东汉·徐幹《中论·治学》

【浅译】

志向在学习中处于主导地位，才华在学习中处于从属地位。

28. 人生各有志，终不为此移。同知埋身剧，心亦有所施。——东汉·王粲《咏史诗》

【说明】

王粲，字仲宣。山阳高平（今山东省微山县西北）人。汉末文学家、官员，"建安七子"之一。与曹植并称"曹王"，又被刘勰称为"七子之冠冕"。代表作有《登楼赋》《七哀诗》等，《隋书·经籍志》著录有《王粲集》。

【注释】

剧：强烈的（痛苦）。施：给予，这里指奉献。

【浅译】

人人都有自己的志向，为了这个目标永远不会动摇。被活活埋葬哪有不痛苦的，还不是为了心中所要奉献给的那个理想。

29. 百川东到海，何时复西归。少壮不努力，老大徒伤悲。——汉乐府《长歌行》

【注释】

少壮：年少力壮之时。老大：指老了，年纪大了。

【浅译】

时间像条条江河向东流入大海,一去不再返向西。年少时如果不珍惜时间努力向上,到老只能白白地悔恨与悲伤了。

(二)魏晋南北朝篇

30. 志当存高远。——三国·蜀·诸葛亮《诫外生书》

【注释】

外生:即外甥。

【浅译】

人应当怀抱高远的志向。

31. 丈夫志四海,万里犹比邻。——三国·魏·曹植《赠白马王彪》

【浅译】

大丈夫志在四方,万里之遥就如同相邻。

32. 燕雀戏藩柴,安识鸿鹄游?——三国·魏·曹植《鰕䱇篇》

【说明】

《鰕䱇篇》,一曰《鰕鳝篇》。鰕(xiā),一曰鰕,通虾;一曰鲵,一种小鱼。䱇(shàn),同鳝。

【浅译】

燕子和麻雀这样的小鸟在篱笆柴草之间嬉戏,它们怎么懂得大雁和天鹅的凌云壮志呢?

33. 学之广在于不倦,不倦在于固志。——东晋·葛洪《抱朴子·外篇·崇教》

【浅译】

学问的博大精深在于学习不知疲倦,能做到学而不倦在于志向坚定。

34. 坚志者,功名之主也;不惰者,众善之师也。——东晋·葛洪《抱朴子·外篇·广譬》

【注释】

主:根本。师:老师。

【浅译】

志向坚定,是建功立业的根本;不懒惰,是一切善行的老师。

35. 刑天舞干戚,猛志固常在。——东晋·陶渊明《读山海经十三首》其十

【注释】

刑天:神话传说中的神名,"刑天"就是受刑砍头的意思,甲骨文、金文"天"是首(头)的样子,说明此神原来无名,受刑砍头后才有了名字。《山海经·海外西京》载:"形(刑)天与帝至此争神,帝断其首,葬之常羊之山。乃以乳为目,以脐为口,操干戚以舞。"是说刑天和天帝争夺神座,天帝砍掉了他的脑袋,把他的头颅埋葬在了常羊山中,他却用自己的乳头当眼睛,肚脐当嘴巴,左手拿着一面盾牌,右手拿着一把斧头,继续挥舞,战斗不止。干:盾牌。戚:大斧兵器。固:依然。常:照常;永远。

【浅译】

刑天挥舞着盾牌和大斧,勇猛的斗志依然照常存在。

36. 猛志逸四海,骞翮思远翥。——东晋·陶渊明《杂诗十二首》其五

【注释】

逸：超越，超过。骞翮（qiān hé）：展翅。骞，举。翮，鸟翼。翥（zhù）：（鸟）向上飞。

【浅译】

勇猛的志向越过四海，像鸟儿一样展开翅膀想要飞向远方。

37. 人患志之不立，亦何忧令名不彰邪？——南朝宋·刘义庆《世说新语·自新》

【注释】

令名：美名。彰：彰显，传扬。

【浅译】

人忧虑的是不能立志，（如果志向确立）又何必担忧美名不流传四方呢？

38. 丈夫生世会几时，安能蹀躞垂羽翼。——南朝宋·鲍照《拟行路难》其六

【注释】

蹀躞（dié xiè）：小步行走。

【浅译】

大丈夫生在世上能有多少时间，怎能像垂着翅膀、小步行走的小鸟一样呢？

39. 弃燕雀之小志，慕鸿鹄以高翔。——南朝梁·丘迟《与陈伯之书》

【说明】

丘迟，字希范。吴兴乌程（今浙江省湖州市）人。南朝梁文学家，代表作有《与陈伯之书》，曾以此文成功招降投奔北魏的原南齐将领陈伯之

来降。

【浅译】

应该舍弃燕子、麻雀般的小志向,倾慕大雁、天鹅,并像它们一样展翅高飞。

40. 居不隐者,思不远也;身不危者,志不广也。——北齐·刘昼《刘子·激通》

【注释】

居:指处境。隐:困顿。

【浅译】

处境不困窘的人,思虑不会深远;自身没有经历过危难的人,志向不会远大。

(三)隋唐五代宋辽金篇

41. 丈夫志气直如铁,无曲心中道自真。——唐·寒山《贪爱有人求快活》(《诗三百三首》之八十四)

【说明】

寒山,字、号均不详,长安(今陕西省西安市)人。大约唐太宗贞观时人,寓居浙江天台山。唐代著名诗僧,后人辑成《寒山子诗集》。

【注释】

曲:与"直"相对,这里指私心。

【浅译】

大丈夫的志气要坚定正直如钢铁一般,胸怀坦荡无私,这样就懂得人生的真谛了。

42. 老当益壮，宁移白首之心；穷且益坚，不坠青云之志。——唐·王勃《滕王阁序》

【注释】

宁：岂能，难道。穷：特指困顿、不得志。坠（zhuì）：丧失。青云之志：比喻崇高的志向。青云，青色的云，即高空。

【浅译】

年纪老迈而情怀更加豪壮，岂能因白发而改变人的心志？境遇艰难而意志越发坚定，决不能丧失自己崇高的志向。

43. 受屈不改心，然后知君子。——唐·李白《赠韦侍御黄裳二首》其一

【注释】

屈：不顺利，挫折。

【浅译】

受到挫折仍然不改变志向，然后才知道这样的人是君子。

44. 我志在删述，垂辉映千春。——唐·李白《大雅久不作》（《古风》其一）

【注释】

删述：著书立说。删，指孔子"删诗"，即删削整理《诗经》。述，著述。垂：流传。

【浅译】

我的志向是著书立说，让它们的光辉映照千秋万代。

45. 丈夫四方志，安可辞固穷。——唐·杜甫《前出塞九首》其九

【注释】

安可：怎么能够。辞：推辞，指不愿承担。固穷：固守贫穷。

【浅译】

大丈夫志在四方，怎么能怕吃苦受穷？

46. 怜君头半白，其志竟不衰。——唐·白居易《寄唐生》

【注释】

怜：怜爱，喜爱。

【浅译】

可喜的是您的头发虽然花白了，但您的志向竟然没有衰退。

47. 不是一番寒彻骨，争得梅花扑鼻香。——唐·裴休《颂黄陵断际禅师》

【说明】

《全唐诗补编》中将此诗收入唐代名臣、书法家裴休作品，明代曹臣《舌华录·慧语》中却称此诗出自唐代禅师黄檗（bò）。

【注释】

彻骨：透入骨髓中。彻，达到。

【浅译】

梅花要不是经受住一次次风霜摧折之苦，哪会有沁人心脾的扑鼻花香。

48. 男儿出门志，不独为谋身。——唐·杜荀鹤《秋宿山馆》

【说明】

杜荀鹤，字彦之，号九华山人。池州石埭（今安徽省石台县）人。善作诗，诗风浅易。著有《唐风集》。

【浅译】

男儿出去闯荡的目的,不只是为了谋求个人生存(而是要做出一番大事业)。

49. 心不清则无以见道,志不确则无以立功。——北宋·林逋《省心录》

【浅译】

心底不清明就不能发现真理,志向不确定就不能建功立业。

50. 用心专者,不闻雷霆之震惊,寒暑之切肌。——北宋·林逋《省心录》

【浅译】

用心专注的人,听不到雷霆巨声,感觉不到寒暑冷热的变化。

51. 有志诚可乐,及时宜自强。——北宋·欧阳修《送慧勤归余杭》

【注释】

诚:诚然,固然。

【浅译】

志向远大固然值得高兴,但更应该及时践行理想,自强不息。

52. 人若志趣不远,心不在焉,虽学无成。——北宋·张载《经学理窟·义理》

【浅译】

人如果抱负不远大,就不会用心做事,即使学习,也不会成功。

53. 志大则才大、事业大。——北宋·张载《正蒙·至当篇》

【浅译】

志向远大,才干才会增长,成就的事业才会大。

54. 志小则易足,易足则无由进。——北宋·张载《经学理窟·学大原下》

【浅译】

志向小的人容易满足,容易满足之后就没有继续奋进的动力了。

55. 天下之事,患常生于忽微,而志亦戒乎渐习。——北宋·程颢《上殿札子》

【说明】

《上殿札子》,吕祖谦本作《论君道》。

【注释】

渐习:逐渐养成的(不好)习惯。

【浅译】

天下的事情,祸患经常产生于微小的事情中,实现志向则要警惕逐渐养成的坏习惯。

56. 古之立大事者,不惟有超世之才,亦必有坚忍不拔之志。——北宋·苏轼《晁错论》

【注释】

世:世人,平常人。坚忍不拔:有韧性,不动摇。拔,动摇。成语"坚韧不拔"的出处。

【浅译】

自古以来能够建立伟大功业的人,不只是有超越一般人的才能,也必然有坚定、忍耐、不动摇的意志。

57. 壮心未与年俱老,死去犹能作鬼雄。——南宋·陆游《书愤》

【注释】

壮心：雄心。鬼雄：鬼中的英雄，用以赞誉为国捐躯者。

【浅译】

雄心壮志并没随着年岁的衰老而衰减，死了以后还能做鬼中的英雄。

58. 书不记，熟读可记；义不精，细思可精。惟有志不立，直是无着力处。——南宋·朱熹《沧州精舍又谕学者》

【浅译】

不会背诵的文章，反复诵读就可以记住；不能深知的道理，细细思考就可以有所领悟。只有那种不立志的情况，是根本没有办法可以挽救的。

59. 学者大要立志。——南宋·朱熹（南宋·黎靖德编《朱子语类·总论为学之方》）

【浅译】

做学问的人最主要的是先确立志向。

60. 立志欲坚不欲锐，成功在久不在速。——南宋·张孝祥《论治体札子》

【说明】

张孝祥，字安国，别号于湖居士。乌江（今安徽省和县东北）人。南宋词人、书法家。有《于湖居士文集》等。

【注释】

锐：锐进，急进。

【浅译】

确立志向应该坚定而不应该急进，成功在于能持之以恒，而不在于急于求成。

（四）元明清篇

61. 志苟不立，虽细微之事，犹无可成之理，况为学之大乎！——元·虞集《尚志斋说》

【说明】

虞集，字伯生，号道园，世称邵庵先生。祖籍仁寿（今属四川），迁崇仁（今属江西）。元朝官员、学者、诗人，著有《道园学古录》《道园遗稿》等。

【浅译】

如果不立志，就算细小的事，也没有成功的道理，何况做学问这么大的事呢？

62. 贫，气不改；达，志不改。——元·宋方壶《山坡羊·道情》

【说明】

注译见第49～50页第41条。

63. 夫英雄者，胸怀大志，腹有良谋，有包藏宇宙之机，吞吐天地之志者也。——明·罗贯中《三国演义》第二十一回

【注释】

夫：句首发语词。

【浅译】

英雄人物，是胸怀远大的志向，腹中有良好的计策，有包容宇宙的胸怀，吞吐天地之志的人。

64. 志不立，天下无可成之事。——明·王守仁《教条示龙场

诸生·立志》

【浅译】

志向不能确立,天下便没有能做得成的事情。

65. 故立志而圣,则圣矣;立志而贤,则贤矣;志不立,如无舵之舟,无衔之马,漂荡奔逸,终亦何所底乎?——明·王守仁《教条示龙场诸生·立志》

【注释】

衔(xián):放在马口内连接缰绳用以勒马的青铜或铁制马具。底:通"抵",到达。

【浅译】

所以立志做圣人,就可以成为圣人了;立志做贤人,就可成为贤人了;志向不确立,就好像没有舵的船,没有缰绳的马,随波漂荡,任意奔跑,最后又能到达什么地方呢?

66. 丈夫所志在经国,期使四海皆衽席。——明·海瑞《樵溪行送郑一鹏给内》

【注释】

衽(rèn)席:卧席,代指安寝之处。

【浅译】

大丈夫志在把整个国家治理好,希望能让天下的人都安居乐业。

67. 枥骥不忘千里志,病鸿终有赤霄心。——明·张居正《慰刘生卧病苦吟》

【浅译】

伏在食槽上的骏马,时刻都有驰骋千里的志向;疾病在身的大雁,始终都有直冲云霄的雄心。(比喻有志之士虽然身遭疾困,仍然怀有远大抱负。)

68. 天下无难事,只怕有心人。——明·王骥德《韩夫人题红记·花阴私祝》

【说明】

王骥德,字伯良,又字伯骥,号方诸生、秦楼外史等。会稽(今浙江省绍兴市)人。明代戏曲理论家。著有传奇《题红记》、杂剧《男王后》,另有戏曲理论代表作《曲律》。

【浅译】

天底下没有什么所谓的难事,只要用心去做,就没有什么做不到的。

69. 志比精金,心如坚石。——明·冯梦龙《警世通言·况太守断死孩儿》

【注释】

精金:精炼的金属,也指纯金。

【浅译】

志向和金子一样坚硬,心意像磐石一样坚定。

70. 男儿不展风云志,空负天生八尺躯。——明·冯梦龙《警世通言·旌阳宫铁树镇妖》

【注释】

风云志:"叱咤(chì zhà)风云之志"的简称,原意为一声怒喝就可以使风云翻腾的志向,比喻治国平天下的远大抱负。

【浅译】

男子汉如果不能施展以天下为己任的远大抱负,便是辜负了上天赋予的八尺身躯。

71. 不可以一时之失意，而自坠其志。——明·冯梦龙《警世通言·钝秀才一朝交泰》

【注释】

以：因为。坠（zhuì）：丧失。

【浅译】

不能因为一时的失意，就自甘堕落，放弃志向。

72. 有志不在年高，无谋空言百岁。——明·许仲琳《封神演义》第二十三回

【说明】

许仲琳，或作陈仲琳，号钟山逸叟。应天府（今江苏省南京市）人。生平事迹不详，明朝小说家。大约生活在明代中后期。著有知名小说《封神演义》。

【浅译】

有志气的人不在年岁大小，没有谋划的人虚度终生。

73. 丈夫志四方，忍为别离哀。——清·郭嵩焘《送王待聘归湘乡兼寄曾九弟国荃》

【说明】

郭嵩焘，字伯琛，号筠仙，晚号玉池老人。湖南湘阴人。晚清官员，湘军创建者之一，中国首位驻外使节。著有《礼记质疑》《养知书屋遗集》等。

【注释】

忍：岂，怎。

【浅译】

大丈夫志在四方，岂能因为别离而悲伤？

74. 人品，学问，俱成于志气；无志气人，一事做不得。——清·申居郧《西岩赘语》

【浅译】

人的品格和学问都是凭志气而有所成；没有志气的人，终生一件事也做不成。

二、"学"——笃志好学

（一）先秦两汉篇

1. 君子学以聚之，问以辩之，宽以居之，仁以行之。——《周易·乾》

【浅译】

君子靠勤奋学习来积累学识，有疑难则发问，辩决于疑，用宽厚之心居处，用仁爱精神践行。

2. 惟学逊志，务时敏，厥修乃来。——《尚书·商书·说命下》

【注释】

逊：顺。一解谦逊。务：专一。时敏：无时不敏，无时不努力。厥：其，语气助词。修：学问修养。一解所学的知识。

【浅译】

学习，要按照自己的志向专一努力，学问修养才会具备。

【或译】

只有学习，才能使心志谦逊、专一，并时时努力，才能学到知识。

3. 它山之石，可以攻玉。——《诗经·小雅·鹤鸣》

【注释】

攻：雕琢打磨。

【浅译】

别的山上的石头，可以用来雕琢打磨成玉器。（原指一国的人才，也可以为另一国所用。比喻取人之长，可以丰富和提高自己；也比喻借他人的批评帮助来改正自己的过错。）

4. 有匪君子，如切如磋，如琢如磨。——《诗经·卫风·淇奥》

【说明】

此为成语"切磋琢磨（qiē cuō zhuó mó）"的出处，原指把骨头、象牙、玉石、石头等加工制成器物。后比喻学习或研究问题时相互探讨，以求精进。

【注释】

匪：通"斐"，文貌。一说赞人物衣饰威仪之美，一说人物有文采和才华。（旧注，《毛传》："匪，文章貌。"《鲁诗》《齐诗》中"匪"字作"斐"，《韩诗》中"匪"字作"邲"，《广韵》："邲，好貌。"三家字异义同，皆指君子美好。）

【浅译】

美好的君子，就像切开、磋平、雕琢、打磨骨角玉石一般精美光亮。

5. 一年之计，莫如树谷；十年之计，莫如树木；终身之计，莫如树人。——旧题　春秋·管仲《管子·权修》

【注释】

树：种植，培育。木：树木。人：人才。

【浅译】

做一年的打算,没有比种植谷物更好的;做十年的打算,没有比种植树木更好的;做终身的打算,没有比培育人才更好的。

6. 千里之行,始于足下。——《道德经·第六十四章》

【浅译】

千里之遥的路程是从脚下第一步开始的。(比喻任何事情的成功都是从头开始的。)

7. 子曰:"学而时习之,不亦说乎?"——《论语·学而》

【注释】

时习:时常温习。习,原意是小鸟反复扇动翅膀练习飞行,后引申为温习。说(yuè):同"悦",愉快、高兴。

【浅译】

孔子说:"学过的知识时常温习,不是很快乐吗?"

8. 子曰:"弟子入则孝,出则悌,谨而信,泛爱众,而亲仁。行有余力,则以学文。"——《论语·学而》

【说明】

注译见第77页第11条。

9. 子曰:"君子食无求饱,居无求安,敏于事而慎于言,就有道而正焉,可谓好学也已。"——《论语·学而》

【注释】

敏:勤勉,机敏。就:靠近,接近。

【浅译】

孔子说:"君子,吃的不要求满足,住的不要求舒适,做事机敏勤快,说话却小心谨慎,向有道德的人学习来匡正自己的行为,这样就算得上是好学了。"

10. 子曰："温故而知新，可以为师矣。"——《论语·为政》

【注释】

故：指旧的知识。

【浅译】

孔子说："在温习旧知识时，能有新体会、新发现，就可以当老师了。"

11. 子曰："学而不思则罔，思而不学则殆。"——《论语·为政》

【注释】

罔（wǎng）：迷惑而无所得。殆（dài）：危险。

【浅译】

孔子说："只读书不思考，就会迷茫、糊涂；只空想不读书，则很危险。"

12. 知之为知之，不知为不知，是知也。——《论语·为政》

【注释】

知：最后一个"知"读"zhì"，明智，智慧。

【浅译】

知道就是知道，不知道就承认自己不知道，这才是明智的。

13. 子入太庙，每事问。——《论语·八佾》

【浅译】

孔子到了太庙，每件事都要问问。

14. 子曰："朝闻道，夕死可矣。"——《论语·里仁》

【浅译】

孔子说:"早上获得真理,即使当晚死去也是值得的。"

15. 子曰:"见贤思齐焉,见不贤而内自省也。"——《论语·里仁》

【注释】

思齐:想着要追上,看齐。内自省:自己在内心里对照反省。

【浅译】

孔子说:"见到贤能的人,就想着努力向他看齐;看到不贤的人,便自我反省(看有没有同他类似的毛病)。"

16. 敏而好学,不耻下问。——《论语·公冶长》

【浅译】

聪敏而又喜欢学习,不以向比自己地位低的人请教为耻。

17. 子曰:"十室之邑,必有忠信如丘者焉,不如丘之好学也。"——《论语·公冶长》

【注释】

邑:城市,城镇,都邑,这里指村庄。

【浅译】

孔子说:"即使只有十户人家的小村子,也一定有像我这样讲忠诚守信的人,只是不如我爱学习罢了。"

18. 孔子对曰:"有颜回者好学,不迁怒,不贰过。不幸短命死矣,今也则亡,未闻好学者也。"——《论语·雍也》

【注释】

不迁怒:不把怒气转移发泄到其他人身上。不贰过:贰,重复,指不第二次犯同样的错误。短命死矣:颜回死时年仅41岁。亡:同"无"。

【浅译】

孔子回答说:"有一个叫颜回的学生爱学习,他从不迁怒于别人,也从不重复犯同样的过错。不幸短命死了。现在没有那样的人了,没有听说过谁是好学的了。"

19. 子曰:"君子博学于文,约之以礼,亦可以弗畔矣夫!"——《论语·雍也》

【注释】

约:一种释为约束;一种释为简要。畔:同"叛",背离。矣夫:语气词,表示感叹。

【浅译】

孔子说:"君子广泛地学习古代文化典籍,又用礼来约束自己,也就可以不离经叛道了!"

20. 子曰:"默而识之,学而不厌,诲人不倦,何有于我哉?"——《论语·述而》

【注释】

识(zhì):记住。厌:满足。诲:教诲。

【浅译】

孔子说:"默默地记住所学的知识,学习不知道满足,教人不知道疲倦,这对我有什么困难呢?"

21. 子曰:"志于道,据于德,依于仁,游于艺。"——《论语·述而》

【注释】

艺:六艺。章太炎《国学讲演录》:"六经者,大艺也;礼、乐、射、御、书、数者,小艺也。语似分歧,实无二致。古人先识文字,后究大学之道。""大六艺"指《诗》《书》《礼》《易》《乐》《春秋》，"小六艺"指礼、乐、射、御、书、数。此处指"大六艺"还是"小六艺"，学者多有争议。

【浅译】

孔子说："以道为志向，以德为根据，以仁为依凭，畅游在《诗》《书》《礼》《易》《乐》《春秋》之中（或译畅游在礼、乐、射、御、书、数六艺当中）。"

22. 子曰："加我数年，五十以学《易》，可以无大过矣。"——《论语·述而》

【注释】

加：通"假"，借。

【浅译】

孔子说："再借给我几年时间，到五十岁开始学习《周易》，便可以没有大的过错了。"

23. 子曰："女奚不曰：'其为人也，发愤忘食，乐以忘忧，不知老之将至云尔。'"——《论语·述而》

【注释】

云尔：云，代词，如此的意思。尔，同"耳"，而已，罢了。

【浅译】

孔子说："你为什么不这样说：'他这个人，发愤读书，连吃饭都忘了，快乐得把一切忧虑都忘了，不知道衰老将要来临，如此而已。'"

24. 子曰："我非生而知之者，好古，敏以求之者也。"——《论语·述而》

【注释】

敏：奋勉，勤奋。

【浅译】

孔子说："我不是生来就什么都知道的人，是喜欢古代的东西，勤奋学习来求得知识的人。"

25. 子曰："三人行，必有我师焉。择其善者而从之，其不善者而改之。"——《论语·述而》

【注释】

师：师法，学习。

【浅译】

孔子说："几个人一起走路，其中必定有人可以做我的老师。选取他的优点照着去做，对照他的缺点而加以改正。"

26. 多闻，择其善者而从之，多见而识之，知之次也。——《论语·述而》

【注释】

识（zhì）：记住。知：同"智"，智慧。

【浅译】

多听，选择其中好的来学习；多看，然后记在心里，这是次一等的智慧。

27. 子曰："三年学，不至于谷，不易得也。"——《论语·泰伯》

【注释】

谷：古代做官以谷为俸禄，这里指做官拿俸禄。

【浅译】

孔子说:"学习了三年,仍没有做官拿俸禄的念头,这种人难得啊。"

28. 笃信好学,守死善道。——《论语·泰伯》

【浅译】

坚定信念,喜爱学习,守之至死,崇好大道。

29. 子曰:"学如不及,犹恐失之。"——《论语·泰伯》

【浅译】

孔子说:"学习起来就像老赶不上一样,还怕丢掉已经学过的。"

30. 子曰:"譬如为山,未成一篑,止,吾止也。譬如平地,虽覆一篑,进,吾往也。"——《论语·子罕》

【注释】

为山:堆积土山。篑(kuì):土筐。平地:填平洼地。覆:倾倒。

【浅译】

孔子说:"(学习)好比用土堆山,只差一筐土就完成了,这时停下来,那是我自己要停下来的。好比填平洼地,虽然只倒下一筐,这时继续前进,那是我自己要前进的。"

31. 子曰:"先进于礼乐,野人也;后进于礼乐,君子也。如用之,则吾从先进。"——《论语·先进》

【说明】

注译见第82页第26条。

32. 欲速则不达。——《论语·子路》

【浅译】

想要太快反而达不到目的。

33. 子曰："古之学者为己，今之学者为人。"——《论语·宪问》

【浅译】

孔子说："古代的人学习是为了提升自己，而现在的人学习是为了炫耀给别人看。"

34. 工欲善其事，必先利其器。——《论语·卫灵公》

【浅译】

工匠要想做好他的活计，必须事先磨快他的工具。（比喻要想为官治理好国家，必须先学习提高自己。）

35. 子曰："吾尝终日不食，终夜不寝，以思，无益，不如学也。"——《论语·卫灵公》

【浅译】

孔子说："我曾经整天不吃饭，通宵不睡觉，去冥思苦想，但毫无收获，这样空想还不如去学习。"

36. 孔子曰："生而知之者，上也；学而知之者，次也；困而学之，又其次也；困而不学，民斯为下矣。"——《论语·季氏》

【注释】

斯：这。

【浅译】

孔子说："生来就知道的人，是上等的；经过学习以后才知道的人，是次一等的；遇到困难再去学习的人，是再次一等的；遇到困难还不去学习的，这种人就是下等的了。"

37. 好仁不好学，其蔽也愚；好知不好学，其蔽也荡；好信不

好学,其蔽也贼;好直不好学,其蔽也绞;好勇不好学,其蔽也乱;好刚不好学,其蔽也狂。——《论语·阳货》

【注释】

知:古同"智"。贼:害。绞:说话尖刻。

【浅译】

爱好仁德而不喜欢学习,它的弊病是易受愚弄;爱好智慧而不喜欢学习,它的弊病是行为放荡;爱好诚信而不喜欢学习,它的弊病是产生危害;爱好直率却不喜欢学习,它的弊病是说话尖刻;爱好勇敢却不喜欢学习,它的弊病是犯上作乱;爱好刚强却不喜欢学习,它的弊病是狂妄自大。

38. 子曰:"小子何莫学夫诗?诗可以兴,可以观,可以群,可以怨,迩之事父,远之事君;多识于鸟兽草木之名。"——《论语·阳货》

【注释】

兴:诱发联想。一说是《诗经》的比兴手法。群:合群,指培养亲和力。怨:一说指讽谏上级的方式。一说泛指宣泄不满情绪。迩(ěr):近。

【浅译】

孔子说:"学生们为什么不学习《诗》呢?学习《诗》可以诱发联想,可以观察万事万物(或译提高观察力),可以培养合群能力,可以懂得如何讽谏上级(或译可以批评不良现象)。(其中的道理)眼前可以用来侍奉父母,将来可以用来侍奉君主;还可以多了解一些鸟兽草木的名字。"

39. 子谓伯鱼曰:"女为《周南》《召南》矣乎?人而不为

《周南》《召南》,其犹正墙面而立也与?"——《论语·阳货》

【注释】

女:古同"汝",你。《周南》《召南》:《诗经·国风》的前两"风"。

【浅译】

孔子对儿子伯鱼说:"你学习《周南》《召南》了吗?一个人如果不学习《周南》《召南》,那就像面对墙壁站着而寸步难行。"

40. 子夏曰:"博学而笃志,切问而近思,仁在其中矣。"——《论语·子张》

【浅译】

子夏说:"博学而志向坚定,恳切地发问而多想当前的问题,仁德也就在其中了。"

41. 子夏曰:"百工居肆以成其事,君子学以致其道。"——《论语·子张》

【注释】

肆:古代制造物品的场所,如官府营造器物的地方,手工业作坊。陈列商品的店铺,也叫肆。

【浅译】

子夏说:"各行业的工匠要住在作坊里完成自己的工作,君子要通过学习来实现他信奉的道。"

42. 子夏曰:"仕而优则学,学而优则仕。"——《论语·子张》

【注释】

优：有余力，有闲暇。一解优秀，好。

【浅译】

子夏说："做了官还有余力，就去学习；学习有余力的，就去做官。"

【或译】

子夏说："做官好的就去学习，学习好的就去做官。"

43. 夫子焉不学？而亦何常师之有？——《论语·子张》

【浅译】

我们老师孔子何处不学习？又何必要有固定的老师传授呢？

44. 今夫弈之为数，小数也，不专心致志，则不得也。——《孟子·告子上》

【注释】

弈：围棋。数，技艺。小数：小技艺。

【浅译】

如今下围棋的技艺只是小技艺，不专心致志去学，也是学不好的。

45. 使弈秋诲二人奕，其一人专心致志，惟奕秋之为听。一人虽听之，一心以为有鸿鹄将至，思援弓缴而射之，虽与之俱学，弗若之矣。——《孟子·告子上》

【注释】

鸿鹄：指大雁、天鹅一类高飞的鸟。援：拉。缴：系在箭上的丝绳。

【浅译】

让下棋高手奕秋教两人下棋，其中一个人一心一意，只听奕秋的讲解；另一个人，虽然在听奕秋讲解，而心里却总想着有只鸟儿将要飞过来如何拉开弓箭射获它。这样，虽然和前面那个人一起学习，却肯定不如那个人学得好。

46. 玉在山而草木润，珠生渊而岸不枯。——战国·文子《文子·上德》

【说明】

文子，亦曰计然。相传为老子弟子，生卒年不详。《汉书·艺文志》道家类著录《文子》九篇，文子相传为《文子》（《通玄真经》）一书作者。前人多认为此书为伪书，定县汉简中相似文本的出现证明该书应为西汉时已有的先秦古书。

【注释】

珠生渊而岸不枯：《荀子·劝学》中作"渊生珠而崖不枯"。

【浅译】

宝玉藏在山中，连山上的草木也显得滋润；珍珠产在深渊里，连涯岸也不会干枯。（比喻学问蕴藏胸中，自然会言行不凡。）

47. 故木受绳则直，金就砺则利。——战国·荀况《荀子·劝学》

【注释】

绳：指木工取直木头的墨线。砺（lì）：磨刀石。

【浅译】

因此木材经过木工用墨线画直加工以后，就变直了；金属物品在磨刀石上磨砺后，就能锋利。（比喻人只有经过规范学习、严格训练，才能成材。）

48. 君子博学而日参省乎己，则知明而行无过矣。——战国·荀况《荀子·劝学》

【注释】

参:同"叁(三的大写)",这里是虚数,泛指多。

【浅译】

君子能够广博地学习知识,而又每天不断地自我反省,就会变得睿智聪明,而没有过错了。

49. 吾尝终日而思矣,不如须臾之所学也。——战国·荀况《荀子·劝学》

【注释】

须臾:一会儿。

【浅译】

我曾经整天坐在那儿苦思冥想,倒不如花一点儿时间学习获益大。

50. 不积跬步,无以至千里;不积小流,无以成江海。——战国·荀况《荀子·劝学》

【注释】

跬(kuǐ):现在所说的一步,古人所说的半步。

【浅译】

没有小步的积累,就无法到达千里之远;没有细流的汇集,就无法形成江河湖海。

51. 锲而舍之,朽木不折;锲而不舍,金石可镂。——战国·荀况《荀子·劝学》

【注释】

锲(qiè)、镂(lòu):雕刻。

【浅译】

雕刻了一下,就放弃了,就是腐朽的木头也不会被刻断;如果坚持雕刻不停，即便是金石也可以雕刻成功。

52. 学莫便乎近其人。——战国·荀况《荀子·劝学》

【浅译】

为学之道，再没有比接近良师耳濡目染更便捷的了。

53. 学也者，固学一之也。——战国·荀况《荀子·劝学》

【注释】

一：专一。

【浅译】

所谓求学，就是要始终专一地学习。

54. 行百里者半于九十。——《战国策·秦策五》

【浅译】

百里远的路程，走了九十里也只能算走了一半。（比喻学习或做事越到最后阶段越难完成，也越需要坚持。）

55. 玉不琢，不成器；人不学，不知道。——《礼记·学记》

【浅译】

玉石不经雕琢，就不能变成好的器物；人不经过学习，就不会明白道理。

56. 虽有嘉肴，弗食，不知其旨也；虽有至道，弗学，不知其善也。是故学然后知不足，教然后知困。知不足，然后能自反也；知困，然后能自强也。——《礼记·学记》

【注释】

肴：菜肴，此处泛指食物。旨：味美。

【浅译】

虽有精美的食物，如果不品尝它，就不知道它的味美；虽有最完美的大道，如果不学习它，就不知道它的美好。所以，通过学习才能知道自己的不足，通过教人才能感到困惑。知道自己的不足，然后才能自我反省；感到困惑，然后才能自己奋发图强。

57. 独学而无友，则孤陋而寡闻。——《礼记·学记》

【注释】

孤陋而寡闻：形容学识浅陋，见闻不广。陋，见识短浅；寡，少。闻，见识。成语"孤陋寡闻"的出处。

【浅译】

如果只是独自一个人学习揣摩而不与朋友一起交流切磋，就会学识短浅、见识寡少。

58. 人一能之，己百之；人十能之，己千之。——《礼记·中庸》

【浅译】

（如果自己不如别人聪明，那么）别人花一分力气就能学好的，自己就花百分的力气去学好它；别人花十分的力气能学好的，自己就花千分的力气去学好它。

59. 哀公问于子夏曰："必学然后可以安国保民乎？"子夏曰："不学而能安国保民者，未之有也。"——西汉·韩婴《韩诗外传》卷五

【注释】

哀公：即鲁哀公，姬将，为春秋时期鲁国的第二十六任君主。

【浅译】

鲁哀公向子夏问道："一定要先学习之后才能安定国家保护百姓吗？"子夏回答道："不学习而能安定国家保护百姓的，是从来没有过

的。"

60. 少而好学，如日出之阳；壮而好学，如日中之光；老而好学，如炳烛之明。——西汉·刘向《说苑·建本》

【注释】

炳烛：燃烛照明。

【浅译】

少年人爱学习，如同初升的太阳那么鲜亮；壮年人爱学习，如同中午的阳光光芒四射；老年人爱学习，如同燃烛照明发挥余热。（指人的一生都要勤奋学习，各年龄段有各年龄段的精彩。）

【或译】

若少年时就爱学习，会如同初升的太阳那么鲜亮；若壮年时开始爱学习，会如同中午的阳光光芒四射；若到老年时才开始爱学习，会如同燃烛照明发挥余热（指人的学习越早越好）。

（二）魏晋南北朝篇

61. 读书百遍而义自见。——三国·魏·董遇（西晋·陈寿《三国志·魏书·王肃传》裴松之注引《魏略》）

【说明】

董遇，字季直。三国时期魏弘农（今河南省灵宝市北）人。《三国志》未见记载，仅见于鱼豢《魏略》。据载，其人性格质朴，不善言辞但又好学，曾为《老子》做训注。

【浅译】

能把书本读过百遍，其中的含义自然就领会了。

62. 非学无以广才，非志无以成学。——三国·蜀·诸葛亮

《诫子书》

【浅译】

不学习就不能增长才干，不立志就无法成就学业。

63. 饰治之术，莫良乎学，学之广在于不倦，不倦在于固志。——东晋·葛洪《抱朴子·外篇·崇教》

【注释】

饰治之术：指修身养性的方法。

【浅译】

修身养性最好的方法没有比学习更好的了，广博的学习在于不知疲倦，不知疲倦在于有牢固的志向。

（三）隋唐五代宋辽金篇

64. 三更灯火五更鸡，正是男儿读书时。黑发不知勤学早，白首方悔读书迟。——唐·颜真卿《劝学》

【注释】

三更：古代将黄昏至拂晓的一夜分为甲夜、乙夜、丙夜、丁夜、戊夜五个时段，称作五更，又称五鼓。"更"就是经历的意思，每更一个时辰是两个小时，三更为子时，相当于现在的23点至凌晨1点。五更鸡：为寅时，天快亮时，相当于现在的凌晨3点至5点，此间鸡啼叫。黑发：年少时，指少年。白首：人老时，指老人。

【浅译】

夜深人静到黎明鸡叫，正是男儿们秉烛夜读的大好时光。少年时不知道要早早地勤奋学习，到老了才后悔读书已经晚了。

65. 读书破万卷，下笔如有神。——唐·杜甫《奉赠韦左丞丈

二十二韵》

【浅译】

博览群书且理解透彻，才会落笔成文，如有神助。

66. 读书不觉已春深，一寸光阴一寸金。不是道人来引笑，周情孔思正追寻。——唐·王贞白《白鹿洞二首》其一

【说明】

王贞白，字有道，号灵溪。信州永丰（今江西省上饶市广丰区）人。唐昭宗乾宁二年（895年）登进士，曾与罗隐、方干、贯休同唱和，著有《灵溪集》。

【注释】

周：指周公，姓姬，名旦，周文王之子，周武王弟弟，西周初年执政大臣，我国完备礼乐典章制度制定者，孔子心目中的道德完人。孔：指孔子。

【浅译】

聚精会神地读书，不知不觉中春天又快过完了，每一寸时间就像一寸黄金那样珍贵。若不是道人过来逗趣开玩笑，我还在周公的情理、孔子的思想中深入钻研呢。

67. 学至于乐则自不已，故进也。——北宋·张载《经学理窟·学大原上》

【浅译】

学习达到乐在其中的状态，就会自己停不下来，所以才能有进步。

68. 学者大不宜志小气轻，志小则易足，易足则无由进；气轻则虚而为盈，约而为泰，亡而为有，以未知为已知，未学为已学。——北宋·张载《经学理窟·学大原下》

【注释】

气轻：虚浮，指自以为是。泰：奢侈，此处指丰富。

【浅译】

治学之人确实不应胸无大志、自以为是，胸无大志就容易满足，容易满足就没有了进步动力；自以为是就会把空虚装作充实，简略装作丰富，没有装作有，未知当作已知，未学当作已学。

69.旧书不厌百回读，熟读深思子自知。——北宋·苏轼《送安惇秀才失解西归》

【注释】

厌：满足。一说厌烦。百回：形容多次，反复。

【浅译】

读过的书要不知满足地反复研读，读熟了，深入思考了，自然就领会其中的含义了。

70.读书要在存心久。——北宋·苏轼《次韵张甥棠美述志》

【浅译】

读书最重要的是专心致志、持之以恒。

71.博学而志不笃，则大而无成。——北宋·苏轼［见金·王若虚《滹（hū）南遗老集·〈论语〉辨惑》］

【注释】

笃：专一真诚。

【浅译】

虽然广泛地学习，但志向不专一，涉猎虽多也不会有成就。

72.且夫人之学也，不志其大，虽多而何为？——北宋·苏辙《上枢密韩太尉书》

【注释】

且夫：承接连词，表示更进一层。

【浅译】

人求学却不树立远大的志向，即使学得再多又有什么用呢？

73. 学必激昂自进，不至于成德，不敢安也。——北宋·程颢、程颐《二程集·粹言卷·论学篇》

【浅译】

为学必须振奋精神，勇于进取，不成就美德，则不敢心安。

74. 为学之道，必本于思。思则得知，不思则不得也。——北宋·程颐（北宋·程颢、程颐《二程集·遗书卷·畅潜道录》）

【说明】

《畅潜道录》为伊川先生（程颐）语。

【浅译】

学习必须以思考为根本，思考就能明白道理，不思考就不能明白道理。

75. 余尝谓：读书有三到，谓心到、眼到、口到。心不在此，则眼不看子细，心眼既不专一，却只漫浪诵读，决不能记，记亦不能久也。三到之中，心到最急。心既到矣，眼口岂不到乎？——南宋·朱熹《训学斋规》

【注释】

子：通"仔"。记亦不能久也：一作"记不能久也"。

【浅译】

我曾经说过：读书要有三到，就是心到、眼到、口到。心思不在课本上，那么眼睛就不会看得仔细，所想所看既然不专一，就只能是随随便便地乱读，绝对记不住，即使记住了也不能长久。三到之中，心到最重要。心思既然已经集中了，眼看和口诵又怎么会不到位呢？

76. 读书之法，莫贵于循序而致精。——南宋·朱熹《行宫便殿奏札二》。

【说明】

《行宫便殿奏札二》，又名《甲寅行宫便殿奏札二》。

【注释】

循序：按照次序逐步进行。致精：达到精深之处。

【浅译】

读书的方法中，没有比循序渐进地逐步达到精深之处更可贵的了。

77. 读书之法要，当循序而有常，致一而不懈。——南宋·朱熹《答陈师德》

【浅译】

读书的方法要点，就是由浅入深地逐步深入，专心致志，坚持不懈。

78. 读书，放宽着心，道理自会出来。若忧愁迫切，道理终无缘得出来。——南宋·朱熹（南宋·黎靖德编《朱子语类·读书法上》）

【浅译】

读书时，应放宽心，道理自然会体会出来。如果心情忧愁，特别着急，书中的道理最终也没法悟出来。

79. 学者志不立，一经患难，愈见消沮，所以先要立志。——南宋·吕祖谦《丽泽讲义》

【浅译】

治学的人如果不确立志向，一旦经受祸患灾难，就会更加消沉沮丧，所以一定要先确立志向。

（四）元明清篇

80. 学无难易，在人自学耳，才觉退，便是进也。——明·陈献章《陈献章集·书·与湛民泽》

【说明】

陈献章，字公甫，号石斋。新会（今广东省江门市新会区）人，居于白沙里，故又称白沙先生。明代著名学者，岭南地区唯一一位从祀孔庙的明代大儒。著有《白沙子全集》。

【浅译】

学习没有困难和容易之分，在于每个人的自学能力不同罢了，当觉察到有所退步时，便是要进步了。

81. 已立志为君子，自当从事于学。凡学之不勤，必其志之尚未笃也。——明·王守仁《教条示龙场诸生·勤学》

【浅译】

已经立志做一个君子，自然应当努力学习。凡是学习不勤奋的人，必定是他的志向还不够专一真诚。

82. 笃志力行，勤学好问。——明·王守仁《教条示龙场诸生·勤学》

【浅译】

坚定志向，努力践行；勤奋学习，喜欢请教。

83. 故立志者，为学之心也；为学者，立志之事也。——

明·王守仁《王文成公全书·书朱守谐卷》

【浅译】

所以说确立志向,是学习的动力;学习,是为了实现所立下的志向。

84. 学者不患立志之不高,患不足以继之耳。不患立言之不善,患不足以践之耳。——明·薛应旂《薛方山纪述·上篇》

【说明】

薛应旂(qí),字仲常,号方山。常州武进(今江苏省常州市武进区)人。明朝学者、藏书家。著有《四书人物考》《宪章录》《薛方山纪述》等。

【浅译】

治学的人不怕树立的志向不够高,就怕不能坚持下去;不怕所著的言论不够好,就怕不能照着去做。

85. 学者之识量,皆因乎其志。志不大则不深,志不深则不大。——明末清初·王夫之《四书训义·论语》

【浅译】

治学之人的见识、器量都取决于他的志向。志向不够远大则见识就不会深刻,志向不够深远则器量就不会大。

86. 志定而学乃益,未闻无志而以学为志者也。——明末清初·王夫之《读通鉴论·元帝》

【浅译】

志向坚定学习才会有进益,没有听说过胸无大志而以学习为志向的。

87. 学贵初有决定不移之志,中有勇猛精进之心,末有坚贞永

固之力。——清·爱新觉罗·玄烨（见于清·曾国藩《〈国朝先正事略〉序》）

【说明】

曾国藩《〈国朝先正事略〉序》载此言出自清圣祖康熙。

【浅译】

学习难得的是一开始就有坚定不移的志向，中间有勇于进取的精神，最后有锲而不舍的毅力。

88. 学诗须有才思，有学力，尤要有志气，方能卓然自立，与古人抗衡。——清·薛雪《一瓢诗话》

【说明】

薛雪，字生白，号一瓢。江苏苏州人。诗文俱佳，又工书画，善拳技，尤精医术。著有《医经原旨》《一瓢诗话》等。

【注释】

学力：学问功力。卓然：超越寻常。

【浅译】

学习作诗必须有才思、学力，尤其要有志气，才能超越寻常自立世间，，与古人相抗衡。

89. 盖士人读书，第一要有志，第二要有识，第三要有恒。有志则断不甘为下流；有识则知学问无尽，不敢以一得自足，如河伯之观海，如井蛙之窥天，皆无识者也；有恒则断无不成之事。此三者缺一不可。——清·曾国藩《曾国藩全集·家书之一·致澄弟温弟沅弟季弟》

【注释】

河伯：神话传说中的黄河之神，见《庄子·秋水》。秋天雨季到来，河伯看到无数条小河流的水都奔涌流到黄河中来，河水暴涨，河面宽阔无比，以至于看不清对岸的牛马，便以为天下美景和水流都集中在自己这里了，十分得意。当他走到黄河入海口时才发现，原来大海更是一望无际，不见水涯，只好望洋兴叹，自愧不如。当海神北海若告知河伯海水从不因干旱季节感觉到有所减少，也从不因雨季河水灌入感觉到有所增加时，河伯更感到了自己的渺小。然而北海若却认为与宇宙相比，大海只不过像是大山之中的一粒小石子和一棵小树苗那样渺小。"望洋兴叹""贻笑大方"等典故出于此。这里以河伯观海和井蛙窥天比喻个人识见的短浅和学问本身的无穷无尽。

【浅译】

士人读书，第一要有志向，第二要有见识，第三要有恒心。有志向就会不甘心为末流之人；有见识就会知道学无止境，不敢稍有心得就自满自足，像河伯观海、井蛙观天之类，都是没有见识的例子；有恒心就没有做不成的事情。这三点缺一不可。

第七章 律 正

"律",甲骨文字形已是从彳(chì)聿(yù)声,如"[字形]合28953"。"彳"为"行"字省形,行走义;"聿"像手持笔的样子。学者或认为,律本指古代用以正乐的管状仪器,引申指音律,又引申有法律、约束等义。其金文字形,或同甲骨文字形,如商代晚期戍铃方彝中的"[字形]集成9894";或多一"止"字,如西周中期律鼎中的"[字形]集成2073"、西周晚期毛公鼎中的"[字形]集成2841",从辵(chuò)聿声,而"辵"与"彳"义近,两种金文字形意义无差。战国及其以后,皆彳、聿二字构形,如简帛文字"律睡·秦124"、篆文"[字形]说文"、隶书"律史晨后碑"。《说文解字》释为"均布也",《尔雅·释器》称"律谓之分"(郭璞注:"律管可以分气"),《汉书·律历志上》则云"律十有二,阳六为律,阴六为吕……黄帝之所作也"。古人按乐音的高低分为六律和六吕,合称十二律。因音律有高低的标准和规定,所以引申有规则、法律义。自然而然地,"律"的规则、法律义衍生出约束、克制义,"自律"也逐渐成为一种极其重要的道德修养标准,即通过自省、自检、自制等一系列行为来实现个体人格的不断完善,以及人生境界的逐渐提升。人生在世,最大的敌人就是自己,最难的事情是战胜自己。

自古以来,中国的道德伦理极其注重个体的内在修养与自我完善。

古籍中多见"责己""克己""自省"或"自治"等关键词,强调内心的自我省察与约束。"严于律己"是中国传统人文精神的精髓。值得注意的是,在古训警言中,与"律己"常常并提的便是"待人"。从孔子的"君子求诸己,小人求诸人"到韩愈的"古之君子,其责己也重以周,其待人也轻以约",林逋的"可以律己,不可以绳人"到张养浩的"律己当严,待人当恕",再到陈确的"但攻吾过,毋议人非"、汪琬的"严以律己,宽以字人"等,无不体现出自律不仅是个体道德自觉,更是一种人际道德规范;而"自难易彼"不仅是"律己"修养的道德延伸,更是有利于社会和谐的相处智慧。

"正",甲骨文字形主要有两种,其一是下从止,上为"●(丁)"或演变为一短横"-",如"𠙻 合36534""𧿒 合22086子组";其二是下从止,上作"囗(wéi)",如"𧺆 合6310""𧾷 合2273"。从"●(丁)"、从"囗"或从短横"-",皆表示城邑,而"止"像人脚趾之形,表示行走的意思,合起来就是指朝着某一目标城邑行进(或军旅讨伐,或巡省邦国,或从狩猎郊畿)。商代晚期至西周早期的金文字形中,上部多作"●"或演变为"一",如商晚期二祀𠨘其卣中的"𧾷 集成5412"、西周早期大盂鼎中的"𧾷 集成2837"、貉子卣中的"𧾷 集成5409"、作册魃卣中的"𧾷 集成5432"等(西周早期卫簋中的"𧾷 集成4044"是个例外)。到了春秋早期,有的金文字形又在"一"的上部增添一笔短横"-"(此为增饰的羡符),如瘇鼎"正 集成2569"、楚嬴匜"正 集成10273"。战国简帛文字中,"正"字异体多样,但基本保留了金文中字形上"一"下"止"与上"一"加短横饰笔而下作"止"两种构形,如"正 包2.24""正 郭.语3.2""正 郭.唐.26"。此即《说文解字》篆文"正"和古文字形"正"所本。此外,《说文解字》又收另一古文"正",

上"一"下"足",止、足义近相通,皆表示行进。《说文解字》云:"正,是也。从止,一以止。"徐锴注曰"守一以止也"("一"所指说法不一),这种解释较为含糊不清。其实,征的本义为征行。征行是朝着确定目标前进,目的是为了平定匡正等,或因此,"正"字引申出不偏斜、平正乃至正直等义。《论语·乡党》"席不正不坐"和《吕氏春秋·审分览·君守》"有绳不以正"中的"正"皆为平正、不偏斜之义。《礼记·曲礼上》"立必正方,不倾听"和《左传·隐公十一年》"政以治民,刑以正邪"中的"正"皆为使正、端正之义。《汉书·苏武传》中的"平心持正"(主持公正而无所偏私)中的"正"则用来形容人的品行端正,即"正直""正派"之义。

"正",是人生在世立身行事的底气支撑。先哲们反复强调欲"正人先正己",只有自己行得端、走得直,才能使人信服。"正己"是为人的前提,也是教人、治人的前提。不过,当人心受到外界种种诱惑或刺激时,很难保持心态平和、处事公允,心不正便会行不正,若要"正己"必先"正心"。《管子》云"正心在中,万物得度",《大学》称"欲修其身者,先正其心",《傅子》曰"立德之本,莫尚乎正心"。一个人心正身才正,才能按照道义去做事,才能于纷繁复杂的世界中保持本心,实现自己的人生价值。

当今世界充满各种诱惑,若想不误入歧途,必须时时警醒自己、严格要求自己,做到"律己正身"。即在没有外界监督的情况下,凭着高度的自觉自律精神,洁身自好,防微杜渐,不做有违道德规范和法律原则之事,先做人后做事!

一、"律"——严以律己

（一）先秦两汉篇

1. 知其身之恶而不改也，以贼其身，乃丧其躯。其行如此，是谓之大忘。——旧题 周·鬻熊《鬻子·大道文王问第八》

【注释】

贼：伤残，伤害。忘：当作"忌"，见《群书治要》引作"忌"。或认为当作"妄"。

【浅译】

明知自己的毛病而不加以改正，以致伤害身心，乃至丧失生命。如此行事，可称为人的大忌了。

2. 与人不求备，检身若不及。——《尚书·商书·伊训》

【注释】

检：约束，限制。不及：未达到，此处指未达到严格程度。

【浅译】

和人交往，不要求对方完美无缺；约束自身则唯恐不够严格。

3. 故称身之过者，强也；治身之节者，惠也；不以不善归人者，仁也。——旧题 春秋·管仲《管子·小称》

【注释】

治：浸润，此处指浸润身心，即修身。惠：通"慧"，智慧。

【浅译】

所以，承认自己的错误，是"强"的表现；修养自身节操，是"智"的表现；不把不善的事归于别人，是"仁"的表现。

4. 五色令人目盲，五音令人耳聋，五味令人口爽，驰骋畋猎令

人心发狂，难得之货令人行妨。是以圣人为腹不为目，故去彼取此。——《道德经·第十二章》

【注释】

五色：指青、赤、黄、白、黑五种颜色。五音：指宫、商、角、徵、羽五声音阶。五味：指酸、甜、苦、辣、咸五种味道。爽：伤。畋（tián）：打猎。妨：一说损害，一说阻碍，今从后说。圣人：道德智慧极高的人，也指理想的统治者。

【浅译】

绮丽缤纷的色彩使人眼花缭乱，如目盲般再不能看清事物真相；靡靡之音使人沉溺，如耳聋般再听不进真义之声；奢侈的美食使人味觉受伤，再也体味不到生活的真味；纵情猎获，使人心思放荡发狂；稀有难得的物品令人贪心，正常行为受到妨碍。因此，圣人致力于维持基本的生存需要，不沉溺于感官的刺激和享乐。所以要取"腹"不取"目"。

5. 胜人者有力，自胜者强。——《道德经·三十三章》

【浅译】

能战胜别人的叫作有力气，能克服自身缺点的才是真正的强大。

6. 子曰："见贤思齐焉，见不贤而内自省也。"——《论语·里仁》

【说明】

注译见第226页第15条。

7. 食不语，寝不言。——《论语·乡党》

【浅译】

吃饭的时候不交谈，睡觉的时候不说话。

8. 子路问君子。子曰："修己以敬。"曰："如斯而已乎？"

曰："修己以安人。"曰："如斯而已乎？"曰："修己以安百姓。修己以安百姓，尧舜其犹病诸？"——《论语·宪问》

【注释】

安人：使人安乐。安百姓：使老百姓安乐。病：难，不易。诸：相当于"之于"，这里指"修己以安百姓"。

【浅译】

子路问什么是君子。孔子说："修养自己，保持严肃恭敬的态度。"子路说："这样就够了吗？"孔子说："修养自己，使周围的人们安乐。"子路说："这样就够了吗？"孔子说："修养自己，使所有百姓都安乐。修养自己，使所有百姓都安乐，尧舜恐怕也难以做到吧？"

9. 子曰："躬自厚而薄责于人，则远怨矣。"——《论语·卫灵公》

【注释】

躬自：自己，自身。躬，指身体。厚：重。"厚"字后省略了一个"责"字。责：责备，要求。

【浅译】

孔子说："多责备自己而少责备他人，就可以远离怨恨了。"

10. 子曰："君子求诸己，小人求诸人。"——《论语·卫灵公》

【注释】

君子、小人：原来分别指贵族和平民，孔子时代开始从品德上划分。

【浅译】

孔子说："品德高尚的人严格要求自己，而品德败坏（低下）的人喜欢苛求别人。"

11. 孔子曰:"君子有三戒:少之时,血气未定,戒之在色;及其壮也,血气方刚,戒之在斗;及其老也,血气既衰,戒之在得。"——《论语·季氏》

【浅译】

孔子说:"君子有三件事情应该警惕戒备:年轻的时候,血气尚未稳定,要警戒沉溺女色;到了壮年时期,精力旺盛,要警戒逞强好斗;到了老年,体力和精力都衰退了,要警戒贪得无厌。"

12. 怨人不如自怨,勉求诸人,不如求诸己。——《文子·上德》

【注释】

勉:力量不够而尽力做。求:找寻原因。诸:之于,指在别处找寻原因。

【浅译】

(事情出了差错)埋怨别人不如埋怨自己,一个劲地从别人身上找原因,不如从自己身上找原因。

13. 不以规矩,不能成方员。——《孟子·离娄上》

【注释】

规矩:规和矩,校正圆形和方形的两种工具,比喻标准、法度。员:同"圆"。

【浅译】

不用圆规和曲尺,就不能画出方形和圆形来。

14. 治人不治反其智。——《孟子·离娄上》

【浅译】

管理别人而未能管理好,就要反省自己的才智是不是不够(能力是不是不行)。

15. 恭者不侮人，俭者不夺人。——《孟子·离娄上》

【注释】

俭：自我约束，不放纵。

【浅译】

为人谦恭的人不会侮辱别人，自我约束的人不会掠夺别人的财富。

16. 养心莫善于寡欲。——《孟子·尽心下》

【浅译】

修养内心的方法，没有比减少欲望更好的了。

17. 见善，修然必以自存也；见不善，愀然必以自省也。善在身，介然必以自好也；不善在身，菑然必以自恶也。故非我而当者，吾师也；是我而当者，吾友也；谄谀我者，吾贼也。——战国·荀况《荀子·修身》

【注释】

修然：整饬的样子。存：省问。愀（qiǎo）然：忧惧的样子。介然：坚贞的样子。菑（zāi）然：被伤害的样子。菑，同"灾"，害。贼：害。

【浅译】

看到良好的品行，一定要认真地自我对照，并加以学习效法；看到不好的品行，一定要心怀恐惧地用它反省自己。善良的品行在自己身上，一定要坚定不移地爱好自己；不良的品行在自己身上，一定要被伤害似的厌恶自己。所以否定我而又否定得恰当的人，就是我的老师；赞同我而又赞同得恰当的人，就是我的朋友；阿谀奉承我的人，就是祸害我的人。

18. 在上位不陵下，在下位不援上。——《礼记·中庸》

【注释】

陵：同"凌"，欺凌。

【浅译】

自己地位高，不欺凌地位低的人；自己地位低，不攀附地位高的人。

19. 苟日新，日日新，又日新。——《礼记·大学》

【说明】

原为商朝开国贤君汤铸刻在盥洗盘器上的铭文。商汤将劝诫文辞刻在盥洗盘器上，可以天天看到，从而起到警示、自律、勉励的作用。此铭文展示了商汤鞭策自己弃旧图新的一种革新姿态。

【浅译】

如果能够一天新，就应保持天天新，新了还要更新。

【或译】

如果今日（洗去污垢）能保持一天的清新洁净，那就每天都（洗去污垢）保持清新洁净，而且要一日又一日地保持下去。（引申为精神上的洗礼、品德上的修炼或思想上的不断革新等。）

20. 未有不能自足而能足人者也，未有不能自治而能治人者也。——西汉·桓宽《盐铁论·贫富》

【注释】

足：满足，满意。

【浅译】

没有不能使自己满意而能使别人满意的道理，也没有不能管好自己而能管理好别人的道理。

21. 善治人者，能自治者也。——西汉·桓宽《盐铁论·贫富》

【浅译】

善于管理别人的人，一定是能管好自己的人。

22. 天下有三检：众人用家检，贤人用国检，圣人用天下检。——西汉·扬雄《法言·修身》

【浅译】

天下有三种检查方法：普通人用持家的道理来检查自己，贤人用治国的法度来检查自己，圣人用天下的公理来检查自己。

23. 归咎于身，刻己自责。——西汉·杜钦（东汉·班固《汉书·杜钦传》）

【注释】

咎：灾祸，祸患，此处当指过错。刻：苛刻，严厉。

【浅译】

出了问题将过错归于自己，严厉地自我责备。

24. 善禁者，先禁其身而后人；不善禁者，先禁人而后身。——东汉·荀悦《申鉴·政体》

【注释】

禁：禁令，有用法纪治理之义。

【浅译】

善于用禁令治理社会的人，必然先按禁令约束自己，然后才去禁止别人；不善于用禁令治理社会的人，则先用禁令禁止别人，而后才约束自己。

25. 先民有言，人之所难者二，乐攻其恶者难，以恶告人者

难。——东汉·徐幹《中论·虚道》

【浅译】

古人曾说，人难以做到的有两件事，一难是乐于别人指出自己的错误，二难是把别人的错误告知对方。

（二）魏晋南北朝篇

26. 夫物速成则疾亡，晚就则善终。朝华之草，夕而零落；松柏之茂，隆寒不衰。是以大雅君子恶速成，戒阙党也。——三国·魏·王昶（西晋·陈寿《三国志·魏书·王昶传》）

【说明】

王昶，字文舒，太原晋阳（今山西省太原市）人。有智略，著有《治论》《兵书》等。

【注释】

就：成就，此处当指成熟。阙党：地名，即阙里，孔子家就住在这里。典出《论语·宪问》："阙党童子将命。或问之曰：'益者与？'子曰：'吾见其居于位也，见其与先生并行也。非求益者也，欲速成者也。'"

【浅译】

大凡事物长成得快就会衰亡得也快，缓慢适时地成熟才会有好的结果。早晨开花的植物，到了傍晚就会凋落；茂盛的松柏，在严寒的冬天也不会衰败。因此，道德高尚的君子不喜欢速成，力戒急于求成。

27. 上不正，下参差。——西晋·杨泉《物理论》

【注释】

参差（cēn cī）：长短高低不齐，这里形容乱七八糟的样子，比喻胡乱作为。

【浅译】

在上位的人若行为不端正,那下面的人就会胡乱作为。

(三)隋唐五代宋辽金篇

28. 省躬知任重,宁止冒荣非。——唐·沈佺期《自考功员外授给事中》

【注释】

躬:自身。止:停留在。冒:假冒,此处指虚而不实。

【浅译】

经常反省检查自身,是因为知道自己责任重大,怎么肯停留在徒有虚名的荣誉上而不作为呢?

29. 尽己而不以尤人,求身而不以责下。——唐·吴兢《贞观政要·公平》

【注释】

尽己:尽力完善自己。一解尽自己的责任。尽,达到极限,这里当指完善。

【浅译】

出了问题要尽力完善自己而不要埋怨他人,要从自身找原因,不要责怪下属。

30. 古之君子,其责己也重以周,其待人也轻以约。——唐·韩愈《原毁》

【注释】

周:周详全面。

【浅译】

古时的君子，他们要求自己严格而全面，对待别人则宽容而简约。

31. 不以众人待其身，而以圣人望于人，吾未见其尊己也。——唐·韩愈《原毁》

【浅译】

不用要求一般人的标准来要求自己，却拿圣人的标准要求别人，我看不出这种人是在尊重自己。

32. 行己莫如恭，自责莫如厚。——唐·李翱《答朱载言书》

【浅译】

为人处世一定要恭敬，要求自己一定要严格。

33. 洁己是心豪。——唐·刘禹锡《浙西李大夫示述梦四十韵并浙东元相公酬和斐然继声》

【注释】

洁己：指自觉净化、修正自己的身心，使自己行为端谨，符合规范。

【浅译】

能自觉净化自我身心的人气魄过人。

34. 化人之心固甚难，自化之心更不易。化人可以程限之，自化元须有其志。——唐·吴融《赠广利大师歌》

【说明】

吴融，字子华，越州山阴(今浙江省绍兴市)人。唐代诗人。著有《唐英歌诗》。

【注释】

自化之心："之"一作"其"。"自化"，《道德经》中指的是自然化育，此处指自我教育。程限：程式限制，指固有模式。

历代修身格言集萃 | **261**

【浅译】

教化别人固然很难，但教育自己更不容易。教化别人只要有个模式就可以了，而教育自己则需要坚强的意志。

35. 己所有者，可以望人，而不敢责人也；己所无者，可以规人，而不敢怒人也。故恕者推己以及人，不执己以量人。——北宋·林逋《省心录》

【浅译】

自己所具备的美德，可以希望别人也具有，但是不能强求别人具有；自己所没有的品德，可以规劝他人具有，却不能怪罪别人没有。所以待人宽容的人会根据自己的心理来体察别人的感受，决不按照自己的标准来衡量别人。

36. 礼义廉耻，可以律己，不可以绳人。律己则寡过，绳人则寡合，寡合则非涉世之道。故君子责己，小人责人。——北宋·林逋《省心录》

【浅译】

守礼、讲道义、正直、羞耻之心的标准，可用来要求自己，不可用来规范别人。要求自己能减少过失，规范别人则难以与人和睦相处，难以与人相处就不合乎处世之道。所以君子只严格要求自己，小人却严格要求别人。

37. 责人者不全交，自恕者不改过。自满者败，自矜者愚，自贼者害。多言获利，不如默而无害。——北宋·林逋《省心录》

【注释】

矜（jīn）：自以为是。贼：本义是残害、伤害。引申义是不正派、邪恶。

【浅译】

喜欢责备别人的人难以维持与别人的交情，经常原谅自己的人不可能改正过错。骄傲自满的人必定失败，自以为是的人愚蠢可笑，自己甘愿邪恶的人必然害人害己。多说话而得到好处，不如沉默而不受伤害。

38. 以责人之心责己，则寡过；以恕己之心恕人，则全交。——北宋·林逋《省心录》

【浅译】

用责求别人的心态来责求自己，过失就会减少；用宽恕自己的心态去宽恕别人，友谊就会保全。

39. 君子之为言也，度可行于己，然后可责于人。——北宋·欧阳修《欧阳修全集·濮议》

【注释】

度（duó）：估计。行于己：自己能做到。

【浅译】

君子所说的话，估计自己可以做到的，然后才能要求别人去做。

40.（范纯仁）戒子弟曰：人虽至愚，责人则明；虽有聪明，恕己则昏。尔曹但常以责人之心责己，恕己之心恕人，不患不到圣贤地位。——北宋·范纯仁（南宋·朱熹、李幼武《宋名臣言行录·后集》）

【注释】

子弟：此处指子侄辈。

【浅译】

（范纯仁）告诫他的子侄们说：哪怕是最愚蠢的人，批评别人时却明白；哪怕是再精明的人，宽恕自己时却犯糊涂。你们只要经常用责求别人的心态责求自己,用宽恕自己的心态去宽恕别人,就不怕达不到圣人贤人的高度。

41. 君子之遇艰阻,必反求诸己而益自修。——北宋·程颐《周易程氏传·蹇》

【浅译】

高尚的人遇到行不通的事,一定会反过来从自身找原因,从而加强自我修养。

42. 于上深有所望,于下深有所责,其处己则莫不恕也,而可乎?——北宋·程颢、程颐《二程集·粹言卷·论学篇》

【浅译】

对上期望很高,对下要求很严,对待自己却无所不宽,这样能行吗?

43. 责己厚,故身益修;责人薄,故人易从。——南宋·朱熹《四书章句集注·论语集注·卫灵公》

【浅译】

要求自己严,因而有益于自身修养;要求别人宽,因而别人容易服从。

44. 但知笑他人,不觉自己非。——南宋·刘过《同许从道游涵碧桥》

【说明】

刘过,字改之,号龙洲道人,吉州太和(今江西省泰和县)人。与陆游、陈亮、辛弃疾等交游,布衣终身。著有《龙洲集》《龙洲词》。

【浅译】

只知道嘲笑别人,却觉察不到自己的错误。

（四）元明清篇

45. 责得人深者必自恕，责得己深者必薄责于人。——元·许衡《鲁斋遗书·语录》

【说明】

许衡，字仲平，号鲁斋。河内（今河南省沁阳市）人。宋末元初理学家、教育家。著有《读易私言》《鲁斋遗书》等。

【浅译】

苛责别人深的人必然宽恕自己，对自己要求严格的人，一定很少责难别人。

46. 责己者可以成人之善，责人者适以长己之恶。——元·许衡《鲁斋遗书·语录》

【浅译】

苛求自己可以成全别人的美德，苛责别人恰恰是助长自己的恶行。

47. 大抵律己当严，待人当恕，必欲人人同己，天下必无是理也。——元·张养浩《三事忠告·牧民忠告·事长·不可以律己之律律人》

【浅译】

大概多是要求自己应当严厉，对待他人应当宽容，一定要人人都像自己一样，天下间必定没有这样的道理。

48. 自律不严，何以服众？——元·张养浩《三事忠告·风宪忠告·自律》

【浅译】

对自己要求不严格，用什么让众人信服呢？

49. 未量他人，先量自己。——明·苏复之《金印记》第十六出

【说明】

苏复之,明初戏曲作家,生平不详。一说《金印记》为无名氏所作。

【浅译】

在没有衡量他人之前,先要检讨自己。

50. 治人者必先自治,责人者必先自责,成人者必先自成。——明·钱琦《钱公良测语·规世》

【浅译】

管理别人的人,首先要管理好自己;严格要求别人的人,首先要严格要求自己;成就别人的人,首先要自己取得成就。

51. 不是不可移,只是不肯移。——明·王守仁《传习录》

【浅译】

(有些人之所以没有多大进步)并不是不能改变自己,只是主观上不愿意改变自己。

52. 待人要丰,自奉要约;责己要厚,责人要薄。——明·吕坤《续小儿语·四言》

【说明】

《续小儿语》是吕坤所撰童蒙读物,为《小儿语》续作。

【注释】

丰:丰厚,指大方。自奉:即自己需求的日常供养。约:俭约。

【浅译】

对待别人要大方,自己享用要俭约;要求自己要严,要求别人要宽。

53. 喜来时一点检,怒来时一点检,怠惰时一点检,放肆时一点检。——明·吕坤《呻吟语·修身》

【浅译】

高兴时要对自己有一点约束，生气时要对自己有一点约束，懒惰时要对自己有一点约束，放肆时要对自己有一点约束。

54. 轻财足以聚人，律己足以服人，量宽足以得人，身先足以率人。——明·陈继儒《小窗幽记·集醒》

【浅译】

仗义疏财能够汇聚人，严于律己能够使人信服，宽宏大量能够得到人心，遇到困难冲在前面能够领导人。

55. 学者果能严于攻己，又能恕以及物，为仁之道，其在是乎！——明末清初·朱之瑜《朱舜水集·恕》

【注释】

攻：指责、揭露。

【浅译】

学者若能严格指责自己，又能以宽恕之心推及他物，仁爱之道就在这里了。

56. 但攻吾过，毋议人非。——明末清初·陈确《陈确集·辰夏杂言·不乱说》

【浅译】

只指责自己的过错，不要议论别人的不对。

57. 我所不能者，不敢以责人；人所必不能者，不敢以强人。——明末清初·魏禧《魏叔子文集·日录·里言》

【说明】

魏禧，字冰叔，一字叔子，号裕斋、勺庭。江西宁都人。明末清初散文家。著有《魏叔子文集》《日录》《左传经世》等。

【浅译】

自己做不到的事情，不敢苛求别人去做；别人肯定办不到的事情，不敢勉强别人去做。

58. 严以律己，宽以字人。——明末清初·汪琬《送张牖如之任南宁序》

【说明】

汪琬，字苕文，号钝翁，晚号尧峰。长洲（今江苏省苏州市）人，明末清初学者、散文家。著有《尧峰文钞》《钝翁类稿》等。

【注释】

字：爱，关爱。

【浅译】

严格要求自己，宽宏关爱别人。

59. 律己宜带秋气，处世宜带春气。——清·张潮《幽梦影》

【说明】

张潮，字山来，号心斋，歙县（今属安徽）人，原居婺源（今属江西）。清代文学家、小说家、批评家、出版家。著作等身，有《幽梦影》《虞初新志》等。

【浅译】

约束自己应该像秋风一样严肃，与人相处应该像春风一样温和。

60. 好责人者，短于自治。——清·汤鹏《浮邱子·训厚上》

【说明】

汤鹏，字海秋。湖南益阳（今湖南省益阳市）人。清朝官员，有才气，敢言时事。后不得志乃著书，有《浮邱子》一书，言军国利病、吏治、人情。

【注释】

短：缺乏。

【浅译】

喜欢苛责别人的人，必定缺乏自我管理。

61. 君子以细行律身，不以细行取人。——清·魏源《默觚·治篇》

【浅译】

高尚的人在细小言行上严格要求自己，不用细小言行来苛求别人。

62. 人生至愚是恶闻己过，人生至恶是善谈人过。——清·申居郧《西岩赘语》

【浅译】

人的一生最愚蠢的是不喜欢听到别人说自己的缺点，人的一生最恶劣的是喜欢讲别人的坏话。

63. 只一自反，天下没有不可了之事。——清·申居郧《西岩赘语》

【浅译】

只要经常自我反省，天下间就没有什么不可以了结的事情。

64. 好责人者，自治必疏。——清·申居郧《西岩赘语》

【浅译】

喜欢苛责别人的人，管理起自己必定疏松。

65. 稍知自省，便觉一己克治不尽，那有余力责人。——清·申居郧《西岩赘语》

【浅译】

稍微懂得自我反省的人，就会觉得自己管好自己不是件容易的事，哪还有工夫去苛求别人呢!

66. 自责之外，无胜人之术；自强之外，无上人之术。——清·金缨《格言联璧·持躬类》

【浅译】

除了自我苛求之外，没有可以胜过别人的办法；除了自强不息之外，没有可以超越别人的办法。

67. 以情恕人，以理律己。——清·金缨《格言联璧·持躬类》

【浅译】

以常情宽恕别人，以道理约束自己。

68. 静坐常思己过，闲谈莫论人非。——清·金缨《格言联璧·接物类》

【浅译】

静坐时经常反思自己的过失，闲谈时不要议论别人的不对。

二、"正"——正身直行

（一）先秦两汉篇

1. 心无他图，正心在中，万物得度。——旧题　春秋·管仲《管子·内业》

【注释】

度：法度，标准。

【浅译】

心中没有别的个人目的，唯有公正之心在胸，对待万物就会有正确标准。

2. 人谁无过，过而能改，善莫大焉。——《左传·宣公二年》

【注释】

莫大焉：没有比这个更大的好事了。

【浅译】

哪个人没有过错呢？有了过错能够改正，没有比这更好的事了。

3. 子曰："人之生也直，罔之生也幸而免。"——《论语·雍也》

【注释】

罔（wǎng）：不直也。

【浅译】

孔子说："人的生存理由在正直，不正直的人也可以生存，那是他侥幸地免于祸害。"

4. 子曰："其身正，不令而行；其身不正，虽令不从。"——《论语·子路》

【浅译】

孔子说："当政者自身品行端正，不发号施令，想做的事也能畅行；如果当政者自身品行不端正，虽然三令五申，老百姓也不会服从。"

5. 子曰："过而不改，是谓过矣。"——《论语·卫灵公》

【注释】

过：第一个"过"字指有过错，第二个"过"字指过错（名词）。是谓：这才叫作。

【浅译】

孔子说:"有过错却不知道改正,这才是真正的过错!"

6. 子贡曰:"君子之过也,如日月之食焉:过也,人皆见之;更也,人皆仰之。"——《论语·子张》

【注释】

更:变更,更改。

【浅译】

子贡说:"品行高尚的人犯错误,就像日食月食一样:缺失之处人人都看得见;改正了,就会像日食月食之后重现光明那样,人人都敬仰他。"

7. 凡上者,民之表也,表正则何物不正?——《孔子家语·王言解》

【浅译】

凡是身居上位的人,都是百姓的表率,表率正了还有什么不正的呢?

8. 言人之恶,非所以美己;言人之枉,非所以正己。——《孔子家语·颜回》

【注释】

枉:木条弯曲,此处指不正。

【浅译】

讲别人的坏处,并不能美化自己;讲别人的不正,也不能说明自己就正直。

9. 仁者如射,射者正己而后发。发而不中,不怨胜己者,反求诸己而已矣。——《孟子·公孙丑上》

【浅译】

仁爱之人的行为就如同射箭比赛一样，射箭的人先端正自己的姿势然后才发射。发射而没有射中，不埋怨胜过自己的人，反过来从自己身上找原因罢了。

10. 吾未闻枉己而正人者也。——《孟子·万章上》

【浅译】

我还没有听说过自己的行为不正，而能去纠正别人错误的情况。

11. 君子能为可贵，不能使人必贵己；能为可信，不能使人必信己；能为可用，不能使人必用己。故君子耻不修，不耻见污；耻不信，不耻不见信；耻不能，不耻不见用。是以不诱于誉，不恐于诽，率道而行，端然正己，不为物倾侧，夫是之谓诚君子。——战国·荀况《荀子·非十二子》

【注释】

率：遵循。倾侧：倾倒、侧翻，指动摇。

【浅译】

君子能够做到品德高尚可以被人尊重，但不能要求别人一定要尊重自己；能够做到忠诚老实可以被人信任，但不能要求别人一定要信任自己；能够做到多才多艺可以被人任用，但不能要求别人一定任用自己。所以君子把不能提高自己的品德修养看作耻辱，而不把被人污蔑看作耻辱；把自己不诚实看作耻辱，而不把不被信任看作耻辱；把自己无能看作耻辱，而不把不被任用看作耻辱。因此，君子不被虚荣所诱惑，也不为诽谤所恐惧，遵循正道而行，严肃地端正自己，不被外物所动摇，这才称得上是真正的君子。

12. 差若豪氂，缪以千里。——《礼记·经解》

【注释】

豪氂：同"毫厘"，为计量单位，形容极少或极小。缪：同"谬"，偏差，指错谬。

【浅译】

事情开始时有很小的偏差，若不及时纠正，最后就会偏差千里，铸成大错。

13. 正己而不求于人，则无怨。——《礼记·中庸》

【浅译】

端正自己而不苛求别人，就不会招致怨恨。

14. 欲修其身者，先正其心；欲正其心者，先诚其意。——《礼记·大学》

【注释】

正：端正。

【浅译】

想要修养自身的人，首先要端正自己的思想；要端正思想，必须先使自己的意念真诚。

15. 故好而知其恶，恶而知其美者，天下鲜矣。——《礼记·大学》

【注释】

好（hào）：喜爱。恶：前一个"恶（è）"字指缺陷和丑恶，后一个"恶（wù）"字指讨厌、憎恨。

【浅译】

所以喜欢什么而又能认识到什么的缺点，厌恶什么而又能认识到什么的优点的人，天下少有。

16. 古者圣王之制，史在前书过失，工诵箴谏，瞽诵诗谏，公卿比谏，士传言谏，庶人谤于道，商旅议于市，然后君得闻其过失也。闻其过失而改之，见义而从之，所以永有天下也。——西汉·贾山（东汉·班固《汉书·贾山传》）

【说明】

贾山，西汉颍川（郡治今河南省禹州市）人。约汉文帝元年在世。以秦之兴亡为喻，上书言治乱之道，劝用贤纳谏，兴礼义，轻徭赋，作《至言》。

【注释】

箴（zhēn）：同"针"，箴言，一种劝告的文体，与"谏"相近。瞽：指盲人，古代以目盲者为乐官。庶人：指平民百姓。商旅：流动的商贩，这里泛指商人。

【浅译】

从前圣明君主的制度，史官在身边记载过失，乐工诵读箴言来劝诫君主，盲瞽咏诗来劝谏君主，公卿大臣正言直谏，士人传递文书表达自己的意见，平民在路上指责，商人在市集上议论，这样君主才能知道自己的过失。听到了自己的过失就改正，看见了符合道义的事就效法，这是他们长久拥有天下的原因。

17. 正直者，顺道而行，顺理而言，公平无私，不为安肆志，不为危易行。——西汉·韩婴《韩诗外传》卷七

【注释】

肆：放肆，轻率任意。易：一作"激"。改变。

【浅译】

正直的人，遵循正义之道而行事，按道理来讲话，公平无私心，不

因为安逸而放纵意志，也不因为遇到危难而改变自己的品行。

18. 以仁安人，以义正我。——西汉·董仲舒《春秋繁露·仁义法》

【浅译】

用仁爱来安抚别人，用道义来修正自我。

19. 正身直行，众邪自息。——西汉·刘安《淮南子·缪称训》

【浅译】

为人端正，行为正直，所有的邪恶自然就会止息。

20. 闻正言，行正道，左右前后皆正人也。——东汉·班固《汉书·贾谊传》

【浅译】

听正直的话，做正直的事，你身边的人都会是正直的人。

21. 有一言而可常行者，恕也；有一行而可常履者，正也。恕者，仁之术也；正者，义之要也。——东汉·荀悦《申鉴·政体》

【浅译】

有一个字是可以一直奉行的，就是"恕"；有一种行为是可以一直践行的，就是"正"。"恕"是施行仁德的方法，"正"是推行道义的要领。

22. 君子口无戏谑之言，言必有防；身无戏谑之行，行必有检。故虽妻妾不可得而黩也，虽朋友不可得而狎也。是以不愠怒而德行行于闺门，不谏谕而风声化乎乡党。传称"大人正己而物自正"者，盖此之谓也。——东汉·徐幹《中论·法象》

【说明】

《群书治要·中论》中无"故"字,"虽妻妾"前有"言必有防,行必有检"八个字;"是以不愠怒而德行行于闺门"作"是以不愠怒而教行于闺门"。

【注释】

防:本义为戒备,这里指严格控制,合于规范。检:约束,限制。黩(dú):轻慢不敬。愠(yùn):含怒,怨恨。传:《孟子·尽心上》:"有大人者,正己而物正者也。"伪孔安国《尚书序》孔颖达疏:"凡书非经,则谓之传。"汉时立《易》《书》《诗》《礼》《春秋》为五经,《孟子》彼时非经,故称"传"。

【浅译】

君子不说不负责的戏耍之言,说话必定有一定的分寸;没有轻佻的举动,行为必定有约束。因此,即便是妻妾也不敢因亲近而无礼,即使是朋友也不敢因熟悉而轻慢。因此,君子不用严厉发怒,而德行就影响整个家族;不用规劝告诫,而良好的风气就能教化乡里。《孟子》称"大人能端正己身,身边的万事万物也就会随之端正",大概就是说的这个意思吧。

(二)魏晋南北朝篇

23. 故君子为政,以正己为先,教禁为次。——三国·魏·桓范《政要论·政务》(见于唐·魏徵等《群书治要》卷四十七)

【说明】

桓范,字元则。沛国龙亢(今安徽省怀远县)人。三国时期曹魏大臣、文学家、画家。著有《世要论》。《政要论》即《世要论》,梁有二十卷，亡。《隋书·经籍志》有"《世要论》十二卷"，《旧唐书·艺文志》作"桓氏《代要论》十卷"，《新唐书·艺文志》作"桓氏《世要论》十二卷"。各书征引，或称《政要论》，或称《桓范新书》，或称《桓范世论》，或称《桓公世论》，或称《桓子》，或称《魏桓范》，或称《桓范论》，或称《桓范要集》，宋时不著录，《群书治要》载有《政要论》十四篇。

【浅译】

君子治理政务，首先要端正自己的思想言行，其次才是推行教化和禁令。

24. 立德之本，莫尚乎正心。心正而后身正，身正而后左右正，左右正而后朝廷正，朝廷正而后国家正，国家正而后天下正。——西晋·傅玄《傅子·正心》

【注释】

尚：注重。左右：指国君身边的大臣。国家正：这里指官风。天下正：这里指全国的社会风气，主要是民风。"天下"和上面的"国家"同义，都指全国。

【浅译】

（君主）树立道德的根本，没有比端正自己的心意更重要的了。心意正，然后自身端正；自身端正，然后身边的大臣端正；身边的大臣正，然后朝廷风气正；朝廷风气正，然后全国官风正；国家官风正，然后社会风气正。

（三）隋唐五代宋辽金篇

25. 惧谗邪则思正身以黜恶。——唐·魏徵《谏太宗十思疏》

【注释】

黜（chù）：排斥，罢免。

【浅译】

如果担心身边出现奸谗邪恶之事，就应该想着端正自身，以便除去邪恶。

26. 贞观初，太宗谓侍臣曰："为君之道，必须先存百姓，若损百姓以奉其身，犹割股以啖腹，腹饱而身毙。若安天下，必须先正其身，未有身正而影曲，上治而下乱者。"——唐·吴兢《贞观政要·君道》

【注释】

贞观：唐太宗李世民年号，从公元627年至649年。啖（dàn）：吃或给人吃。

【浅译】

贞观初年，唐太宗对侍从的大臣们说："做君主的法则，必须首先使百姓生存下去，如果以损害百姓的利益来奉养自身，那就好比是割大腿上的肉来填饱肚子，肚子填饱了，人也就死了。如果想安定天下，必须先端正自身，不会有身子端正了而影子弯曲的情况，也没有上面治理好了而下面发生动乱的事情。"

27. 古之所谓正心而诚意者，将以有为也。——唐·韩愈《原道》

【浅译】

古人所说的使心思纯正、使意念真诚，都是为了要有一番作为。

28. 守正直兮佩仁义。——北宋·王禹偁《三黜赋》

【说明】

王禹偁,字元之。济州巨野(今属山东)人。北宋诗人、散文家,宋初有名的直臣。王禹偁为官清廉,秉性刚直,一生中三次受到贬官的打击,《三黜赋》写于宋真宗咸平二年(999年)春第三次被贬黄州之时。此次被贬是因为当时宰相张齐贤、李沆二人在修《太祖实录》中意见不合,互相猜忌而殃及王禹偁。著有《小畜集》《五代史阙文》。

【注释】

佩:敬服。

【浅译】

人应该坚守正直品格,敬服仁义道德。

29. 君子之修身也,内正其心,外正其容。——北宋·欧阳修《左氏辨》

【注释】

心:品德。容:外表。

【浅译】

君子修养身心,要内修品德,外整仪表。

30. 教人治人,宜皆以正直为先。——北宋·王安石《洪范传》

【浅译】

不管是教育人还是管理人,都应该把正直放在优先的位置。

31. 未有不能正身而能正人者。——北宋·苏辙《盛南仲知衡州》

【浅译】

世上没有不能端正自身却能端正别人的人。

32. 有过而讳言，适重其过；因言而遽改，适彰其美。——南宋·何坦《西畴老人常言》

【说明】

何坦，字少平，号西畴。江西广昌县盱江镇人。南宋提刑。著有《西畴常言》（又名《西畴老人常言》）。

【注释】

遽（jù）：立即。适：恰好。

【浅译】

有过错而忌讳别人说，恰恰是加重自己的过错；听到别人的批评言论便马上改正，这才能彰显自己的美德。

（四）元明清篇

33. 凡为外所胜者，皆内不足也；为邪所夺者，皆正不足也。——明·吕坤《呻吟语》

【浅译】

凡是受外界影响而改变本心的人，都是因为内心修养不够；凡是被邪恶所控制的人，都是因为自己正气不足。

34. 身不正不足以服，言不诚不足以动。——明·徐祯稷《耻言》

【说明】

注译见第179页第56条。

35. 己先有过，何以正人之过乎？——明末清初·陈确《陈确集·雨牖漫笔》

【浅译】

自己先有过错,还拿什么纠正别人的过错呢?

36. 惟正己可以化人,惟尽己可以服人。——清·申居郧《西岩赘语》

【注释】

尽:达到极限,指完善。

【浅译】

只有端正自己的品行,才能教化别人;只有严格完善自己,才能使人信服。

第八章 宽 让

"宽",其金文字形目前见于春秋晚期,如宽儿鼎中的"㝦"集成2722、齐侯匜中的"㝦"集成10283。战国秦简中字形作"㝦"睡·为12。篆书为"㝦"说文,隶书作"寬"石经论语残碑,"莧"比"莧"少了一点而已,意义无别。宽,繁体作寬。《说文解字》曰:"屋宽大也,从宀莧(huán)声。"宽的广阔义,用到人的身上便是宽容、宽厚。《诗·卫风·淇奥》"宽兮绰兮"讲的就是君子宽宏大度,这是君子必备的品格。一个高风亮节、胸怀宽广的人,能够真正地令人钦佩与敬重。

在具体的待人处世中,要"宽以待人,严于责己"。在自律的同时,宽让他人的利益,宽恕他人的错误,宽容他人的缺点,宽解他人的难处等,才能获得他人的爱重和信服,故而孔子说"宽则得众"(《论语·阳货》)。"宽",并非姑息一切,没有原则的"宽"只会纵容各种不良风气的滋生,干扰法律和秩序。所以隋朝王通的《止学》中说"宽不足以悦人,严堪补也",宽厚并不能讨好所有的人,严厉可以作为它的补充。需宽时则宽,该严时必严,宽严相济,有原则地宽容,才是古圣先贤所推崇的美好品德。宽容还有一种表现,就是虚心接受外界对自己的意见,这一点一般人很难做到。对此,古人也多有讨论,如明代吕坤曾说过:"处毁誉要有识有量。今之学者尽有向上底,见世所誉而趋之，见世所毁而避之，只是识不定。闻誉我而喜，闻毁我而怒，只是量不广。真善恶在我，毁誉于我无分毫相干。"（《呻吟语·应务》）其认为对待诋毁和赞誉应该有自己的见识和度量。就个人言，度量宽广，能容他人所不能容，才能成他人所不能成之事，才会让自己的路越走越宽；就社会言，相互多一分宽容，就会少生是非，有利于营造和谐发展的环境；就领导者言，"宰相肚里好撑船"，只有宽容才能汇聚各种人才，才能使所领导的事业兴旺发达。

"让"的字形目前始见于战国简文，如"䜣上(2)·子·6""䜣睡·为·11"，从言襄声，其篆文字形作"䜣说文"，隶书字形有"讓曹全碑"，皆从言襄声。《说文解字》释"让"为"相责让"；《小尔雅》谓"诘责以辞谓之让"；《广雅》说"让，责也"。这些字书皆认为"让"的本义为责备而不是谦让。《左传·昭公二十五年》："平子怒，益宫于邻氏，且让之。"《国语·周语上》"于是乎有刑不祭，伐不祀，征不享，让不贡，告不王。"用的都是"让"字的本义。学者或认为"让"字的退让、谦让之义是从"攘说文"字而来的。《说文解字》释"攘"为"推也，从手襄声"。段玉裁引《礼记·曲礼》的郑玄注曰："攘，古让字。""攘"的本义为推让，后引申为退让，如"盛揖攘之容"（《汉书·礼乐志》）、"随流而攘"（《汉书·司马相如列传》）等。清邵瑛《说文解字群经正字》："（攘）此即推让之本字。揖让之让亦作此……今经典统作'让'。"故而今《尚书·虞书·尧典》有"允恭克让"、《国语·晋语四》有"让，推贤也"。不过，前文所提及的上博简《子羔》篇简6中的"䜣"（让）字已有谦让义。

谦让是一种礼仪，《左传·襄公十三年》"让，礼之主也"；谦让更是一种美德，《左传·文公元年》"卑让，德之基也"。"退避三舍"和"孔融让梨"的故事讲的就是谦让是中华民族的传统美德。"让",并非一味地妥协或退让,它是有原则和底线的。"让"主要讲的是在个人利益上的谦让,而不是在公共利益上的退让,更不是违背道德、伦理、法度甚至出卖民众、国家、民族利益的让步。"让"的出发点是将心比心、推己及人,站在别人的立场上换位思考,不斤斤计较于个人利益的得失,宽容友善,与人和谐相处。"退一步海阔天空",即是说如此就能创造出良好和谐的生存环境,营造出广阔的发展空间,进退得失不是一时一事可以衡量的,能舍让个人小利,才能获他人所不能获之大成就。同时,遇个人利益相互谦让,也会使社会少些纷争,更加和谐。

在《论语》里,"宽"和"让"是两个词,皆是待人接物的修养准则。在现代汉语中,"宽让"则是个合成词,指宽容、忍让。宽让,就是与人为善,这是做人的原则与处世智慧。俗谚常说"得放手时须放手,得饶人处且饶人",宽让的结果于人于己都有利,与人方便,与己释然,其所达到的理想状态是"和",而个人"和"则社会"和",社会"和"则国家安。

一、"宽"——宽以待人

(一)先秦两汉篇

1. 必有忍,其乃有济;有容,德乃大。——《尚书·周书·君陈》

【注释】

济:成功。

【浅译】

有忍让，才有成功；有宽容，才能成就大德。

2. 有匪君子，如金如锡，如圭如璧。宽兮绰兮，猗重较兮。——《诗经·卫风·淇奥》

【注释】

匪：通"斐"，有文采的样子。金、锡：黄金和锡，一说铜和锡，闻一多《风诗类钞》主张为铜和锡，并言："古人铸器的青铜，便是铜与锡的合金，所以二者极被他们重视，而且每每连称。"圭、璧：圭，玉制礼器，上尖下方，在举行隆重仪式时使用；璧，玉制礼器，正圆形，中有小孔，也是贵族朝会或祭祀时使用。圭与璧制作精细，显示佩戴者身份高贵，品德高尚。绰：旷达。一说柔和貌。猗（yǐ）：通"倚"。重（chóng）较：车厢上有两重横木的车子，为古代卿士所乘。较，古时车厢两旁作扶手的曲木或铜钩。

【浅译】

有位文采斐然的君子，如青铜器般厚重，如圭璧般温润。他宽厚温柔，凭倚在那华车之上。

3. 子曰："君子坦荡荡，小人长戚戚。"——《论语·述而》

【注释】

坦荡荡：心胸开阔，自由自在的样子。戚戚：忧惧不安的样子。

【浅译】

孔子说："君子心胸坦荡宽广，小人却经常局促忧愁。"

4. 己所不欲，勿施于人。——《论语·颜渊》

【注释】

欲：想，希望。施：加，给。

【浅译】

自己不喜欢的,就不要强加给别人。

5. 宽则得众。——《论语·阳货》

【浅译】

宽厚就会得到众人的拥护。

6. 子夏之门人问交于子张。子张曰:"子夏云何?"对曰:"子夏曰:'可者与之,其不可者拒之。'"子张曰:"异乎吾所闻:君子尊贤而容众,嘉善而矜不能。我之大贤与,于人何所不容?我之不贤与,人将拒我,如之何其拒人也?"——《论语·子张》

【注释】

子张:复姓颛(zhuān)孙,名师,字子张。孔子弟子,春秋末年陈国人,为人勇武,提出读书人应"见危致命,见得思义"的伦理观点。门人:弟子。与之:交往。容:包容,接纳。嘉:赞美。矜(jīn):同情。不能:能力不够的人。

【浅译】

子夏的学生向子张询问怎样结交朋友。子张说:"子夏是怎么说的?"答道:"子夏说:'可以相交的就和他交朋友,不可以相交的就拒绝他。'"子张说:"和我所听到的不一样:君子既尊重贤人,又能包容众人;能够赞美好人,又能同情能力不够的人。如果我是非常贤良的人,那我对别人有什么不能包容的呢?我如果不贤良,那别人就会拒绝我,又何谈拒绝别人呢?"

7. 是故江河不恶小谷之满己也,故能大。——《墨子·亲士》

【注释】

恶：嫌弃。

【浅译】

所以，长江、黄河不嫌弃细小溪流将自己灌满，方能成为大江大河。

8. 夫尺有所短，寸有所长；物有所不足，智有所不明。——战国·屈原《卜居》

【注释】

夫：句首语气助词，即发语词。

【浅译】

尺虽比寸长，但和更长的东西相比，就显得短；寸虽比尺短，但和更短的东西相比，就显得长；事物总有它的不足之处，智者也会有不明智的地方。（说明人或事物各有长处和短处，应学会包容所短，扬其所长。）

9. 遇君则修臣下之义，遇乡则修长幼之义，遇长则修子弟之义，遇友则修礼节辞让之义，遇贱而少者则修告导宽容之义。无不爱也，无不敬也，无与人争也，恢然如天地之苞万物。——战国·荀况《荀子·非十二子》

【注释】

修：讲求，实行。恢然：广大的样子。苞：通"包"，容纳，囊括。

【浅译】

面对君主，就奉行做臣子的道义；面对乡亲，就讲求长幼之间的道德标准；面对父母兄长，就遵行子弟的规矩；面对朋友，就讲求礼节谦让的行为规范；面对地位卑贱而又年轻的人，就实行劝导宽容的原则。

没有不爱护的,没有不尊敬的,从不与人相争,心胸宽广得就像天地包容万物那样。

10. 不吹毛而求小疵。——战国·韩非《韩非子·大体》

【注释】

求:找寻。疵:毛病。

【浅译】

不要吹开皮上的毛寻找里面的小毛病。(比喻不要故意挑剔别人的小毛病。)

11. 知虑不躁达于变,身行宽惠达于礼,威严不足以易于位,重利不足以变其心,恭于教而不快,和于下而不危。——《战国策·赵策二》

【注释】

知:同"智",智慧。威严:此处指威势、强权。快:放肆,纵情。危:使恐惧。

【浅译】

智慧谋略缜密不骄躁而通达权变,自身行为宽厚仁慈而通晓礼仪,威势强权不能够改变立场,丰厚的钱财不能够改变心志,对于教化恭谨而不放纵,对下属和蔼而不让人畏惧。

12. 山锐则不高,水径则不深。——西汉·韩婴《韩诗外传》卷一

【注释】

径:狭。西汉刘向《新序·节士》作"山锐则不高,水狭则不深"。

【浅译】

山峰太尖锐,就不会很高;水流太细小,就不会很深。(比喻如果

没有深厚、广阔的基础,就不会有太大成就。)

13. 故水至清则无鱼,人至察则无徒。——西汉·戴圣《大戴礼记·子张问入官》

【说明】

戴圣,字次君。西汉梁(郡治今河南省商丘市南)人。为西汉今文礼学"小戴学"(后世称戴圣为"小戴")的开创者。今本《礼记》(即《小戴礼记》)传为戴圣所编。

【浅译】

所以,水太清澈了就没有鱼可以生存,为人太明察秋毫就没有人追随。

14. 夫建大事者,不忌小怨。——东汉·刘秀(南朝宋·范晔《后汉书·岑彭传》)

【浅译】

建立伟大功业的人,不会忌恨小的仇怨。

(二)魏晋南北朝篇

15. 东海广且深,由卑下百川;五岳虽高大,不逆垢与尘。——三国·魏·曹植《当欲游南山行》

【注释】

五岳:我国五大名山的总称,东岳泰山、南岳衡山、西岳华山、北岳恒山、中岳嵩山。逆:排斥,拒绝。

【浅译】

东海浩瀚深邃,是因为它地势低下能接纳众多河流;五岳山形高大,也不拒绝每一粒灰土尘埃。

16.百川派别,归海而会。——西晋·左思《吴都赋》

【浅译】

众多河流分水道而流,最后皆归于大海汇为一体。

17.仁以厚下,俭以足用,和而不弛,宽而能断,故民咏维新,四海悦劝矣。——东晋·干宝(唐·房玄龄等《晋书·孝愍帝纪》)

【注释】

维新:通常指变旧法,行新政。悦劝:乐于接受教化。

【浅译】

用仁德来使百姓生活优厚,用节俭来使财用充足,平和而不松弛,宽容而能明断,所以老百姓会咏赞新政,天下臣民乐于接受教化。

(三)隋唐五代宋辽金篇

18.宽不足以悦人,严堪补也;敬无助于劝善,诤堪教矣。——隋·王通《止学》

【注释】

诤:直言规劝。

【浅译】

宽厚并不能讨好所有的人,严厉可以作为它的补充;恭敬对劝人向善没有帮助,直言规劝可以教导他。

19.君子不念旧恶,旧恶害德也。小人存隙必报,必报自毁也。和而弗争,谋之首也。——隋·王通《止学》

【浅译】

君子不计较以往的恩怨,计较以往的恩怨会损害君子的品行。小人心有隙怨一定要报复，这样只能自我毁灭。求和谐而不争斗，这是谋略首先要考虑的。

20. 忍小忿而存大信。——唐·戴胄（后晋·刘昫等《旧唐书·戴胄传》）

【说明】

戴胄，字玄胤。谯郡谯县（今安徽省亳州市）人。初仕隋朝，后降唐。卒谥忠。《旧唐书·戴胄传》载此言出自戴胄对唐太宗的谏言。

【注释】

小忿：小的愤怒。大信：大的信誉，这里指的是法律。

【浅译】

忍住个人小的愤怒，而坚守法律的大信誉。

21. 太刚则折，至察无徒。——唐·房玄龄等《晋书·周顗传》

【说明】

《晋书·周顗（yǐ）传》载此言出自史臣对周顗之子周闵的评价。

【浅译】

东西太过刚硬就容易折损，人太过明察秋毫，就不会有人追随。

22. 君子扬人之善，小人讦人之恶，闻恶必信，则小人之道长矣；闻善或疑，则君子之道消矣。——唐·吴兢《贞观政要·论诚信》

【注释】

讦（jié）：揭发别人的隐私或攻击别人的短处。长（zhǎng）：助长。

【浅译】

君子赞扬别人的长处，小人攻击别人的短处，听见谗言便相信，就会助长小人的气焰；听到善言却怀疑，就会使君子之道消退。

23.且人非尧舜，谁能尽善？——唐·李白《与韩荆州书》

【注释】

且：发语词，用在句首。

【浅译】

一般的人不都是尧舜那样的圣人，谁能做得到完美无缺呢？

24.君子量不极，胸吞百川流。——唐·孟郊《投赠张端公》

【说明】

《投赠张端公》又名《赠裴枢端公》。

【浅译】

君子的器量没有边际，胸怀能够容纳百川的水流。

25.由来大度士，不受流俗侵。——唐·唐彦谦《和陶渊明贫士诗七首》

【说明】

唐彦谦，字茂业，号鹿门先生。并州晋阳（今山西省太原市西南）人。博学多才，通书画音乐，尤长七言诗。著有《鹿门先生集》。

【浅译】

从来豁达大度的人，都不受世俗的侵扰。

26.欺人是祸，饶人是福。——唐·吕岩《劝世》

【说明】

吕岩，即吕洞宾，道号纯阳子，自称回道人。唐末著名道士，世称吕祖或纯阳祖师，为民间神话故事八仙之一。

【浅译】

欺负别人是灾祸，宽恕别人是福气。

27. 己所有者，可以望人，而不敢责人也；己所无者，可以规人，而不敢怒人也。故恕者推己以及人，不执己以量人。——北宋·林逋《省心录》

【浅译】

自己所具备的美德，可以希望别人也具有，但是不能强求别人具有；自己所没有的品德，可以规劝他人具有，却不能怪罪别人没有。所以待人宽容的人会根据自己的心理来体察别人的感受，决不按照自己的标准来衡量别人。

28. 耳不闻人之非，目不视人之短，口不言人之过。——北宋·林逋《省心录》

【浅译】

耳朵不去探听别人的错处，眼睛不去盯着别人的短处，嘴巴不议论别人的过失。

29. 若以大度兼容，则万事兼济。——北宋·吕蒙正（南宋·江少虞《宋朝事实类苑·祖宗圣训》）

【说明】

吕蒙正，字圣功，北宋河南（今河南省洛阳市）人。北宋初年宰相。为人宽厚正直，卒谥文穆。

【浅译】

如果用宽广的胸怀容纳万事万物，则万事万物都受到恩惠。

30.（范纯仁）戒子弟曰：人虽至愚，责人则明；虽有聪明，恕己则昏。尔曹但常以责人之心责己，恕己之心恕人，不患不到圣贤地位。——北宋·范纯仁（南宋·朱熹、南宋·李幼武《宋名臣言行录·后集》）

【说明】

注译见第263~264页第40条。

31. 惟俭可以助廉，惟恕可以成德。——北宋·范纯仁（元·脱脱等《宋史·范纯仁传》）

【浅译】

只有节俭可以帮人廉洁奉公，只有宽容可以使人养成美德。

32. 百川赴海而海不溢。——南宋·朱熹（南宋·黎靖德编《朱子语类·理气下·天地下》）

【说明】

成语"百川归海"的出处。《庄子·秋水》亦有此成语寓意。

【注释】

溢：因满盈而流了出来。

【浅译】

千百条河流奔赴大海而大海都能包容它们。

（四）元明清篇

33. 惟宽可以容人，惟厚可以载物。——明·薛瑄《读书录》卷一

【浅译】

只有宽宏大度才可以容纳众人，只有深厚的美德才可以承载万物。

34. 遇方便时行方便，得饶人处且饶人。——明·吴承恩《西游记》第八十一回

【浅译】

遇到需要给人提供方便的时候要给人提供方便，能够宽让他人的时

候要宽让他人。

35. 待人要丰，自奉要约；责己要厚，责人要薄。——明·吕坤《续小儿语·四言》

【说明】

注译见第266页第52条。

36. 宁耐是思事第一法，安详是处事第一法，谦退是保身第一法，涵容是处人第一法。置富贵、贫贱、死生、常变于度外，是养心第一法。——明·吕坤《呻吟语·存心》

【注释】

度：考虑。

【浅译】

宁静和忍耐是思考问题的第一方法，平和与慈祥是处理事情的第一方法，谦逊与退让是保全自身的第一方法，包涵与宽容是为人处世的第一方法。将富贵、贫贱、生死、职位变动放置在考虑之外，是修养心性的第一方法。

37. 大其心容天下之物，虚其心受天下之善，平其心论天下之事，潜其心观天下之理，定其心应天下之变。——明·吕坤《呻吟语·修身》

【浅译】

使心胸开阔以容纳天下事物，使心态谦虚以接受天下的善，使心气平静以议论天下之事，使心思沉潜以通观天下事理，使内心镇定以应对天下变化。

38. 攻我之过者，未必皆无过之人也。苟求无过之人攻我，则终身不得闻过矣。我当感其攻我之益而已，彼有过无过何暇计

哉！——明·吕坤《呻吟语·修身》

【浅译】

指责自己过错的人，未必都是没有过错的人。如果苛刻地要求没有过错的人才能指责自己，那恐怕一生也不会听到别人说自己的过错了。应当感谢别人指责自己给自己带来的好处，哪有时间计较对方有没有过错呢？

39. 责善要看其人何如，其人可责以善，又当自尽长善救失之道。无指摘其所忌，无尽数其所失，无对人，无峭直，无长言，无累言。犯此六戒，虽忠告，非善道矣。其不见听，我亦且有过焉，何以责人？——明·吕坤《呻吟语·应务》

【注释】

长善救失：语出《礼记·学记》"长善而救其失者也"，原指教书的人要善于发扬学子的优点并引导他们纠正自己的缺点。这里指劝人为善时采纳好方法。峭：严峻。

【浅译】

劝人为善要看那个人的情况如何，如果那个人可以劝之向善，又应当完善使他向善的方法。讲话不要揭人所忌讳的短处，不要历数人的过失，不要针对具体的人，不要过于尖刻直率，不要讲得太长，不要有废话。如果触犯了这六条戒律，即使是诚恳的告诫，也不是好方法。对方不接受你的劝告，说明自己也有过错，这样又怎能劝告别人呢？

40. 处毁誉要有识有量。今之学者尽有向上底，见世所誉而趋之，见世所毁而避之，只是识不定。闻誉我而喜，闻毁我而怒，只是量不广。真善恶在我，毁誉于我无分毫相干。——明·吕坤《呻吟语·应务》

【注释】

尽（jǐn）：总是，老是。底：同"的"。

【浅译】

对待诋毁和赞誉，要有自己的见识和气量。今天的学者，总是有向上攀的，见到世上所赞誉的就趋附，见到世上所诋毁的就躲避，这是因为没有自己固定的见识。听到他人对自己的赞誉就高兴，听到他人对自己的诋毁就愤怒，这是因为气量不大。其实真正的好与坏全在自己，他人的诋毁、赞誉与自己毫不相干。

41. 过宽杀人，过美杀身，是以君子不纵民情以全之也，不盈己欲以生之也。——明·吕坤《呻吟语·修身》

【注释】

盈：充满，此处可解为放纵。

【浅译】

过于宽容他人，等于杀害他人；过于美饰自己，等于杀害自身。因此君子不纵容百姓的欲望而成全他们，不放纵自己的私欲而求生存。

42. 处人，处己，处事，都要有余，无余便无救性，此里甚难言。——明·吕坤《呻吟语·应务》

【浅译】

对人，对己，对事，都要留有余地，没有余地就无法补救，这其中的道理难以用语言来表达。

43. 己无才而不让能，甚则害之；己为恶而恶人之为善，甚则诬之；己贫贱而恶人之富贵，甚则倾之。此三妒者，人之大戮也。——明·吕坤《呻吟语·人情》

【注释】

戮：耻辱。

【浅译】

自己没有才能又不肯让位贤能的人，甚至对人进行迫害；自己作恶却怨恨他人行善，甚至对人进行诬陷；自己贫贱却憎恶别人富贵，甚至对人进行倾轧。这三种妒忌，是人的极大耻辱。

44. 轻财足以聚人，律己足以服人，量宽足以得人，身先足以率人。——明·陈继儒《小窗幽记·集醒》

【浅译】

仗义疏财能够汇聚人，严于律己能够使人信服，宽宏大量能够得到人心，困难冲在前面能够领导人。

45. 人有恩于我不可忘，而怨则不可不忘。——明·洪应明《菜根谭》

【浅译】

别人对自己有恩惠不可忘记，别人与自己有怨恨则应该忘掉。

46. 待人宽一分是福，利人实利己的根基。——明·洪应明《菜根谭》

【浅译】

待人宽厚一分是福气，利别人实际是利自己的根本和基础。

47. 攻人之恶毋太严，要思其堪受；教人以善毋过高，当使其可从。——明·洪应明《菜根谭》

【浅译】

责备别人的过错不可过于严厉，要顾及对方是否能承受；教诲别人从善不可要求太高，要顾及对方是否能做到。

48. 不责人小过，不发人阴私，不念人旧恶。——明·洪应明《菜根谭》

【浅译】

不要指责别人的小毛病，不要揭露别人的隐私，不要记着别人的旧怨。

49. 能容小人，方成君子。——明·冯梦龙《增广智囊补》

【浅译】

能容得下小人，才能成为君子。

50. 事不三思终有悔，人能百忍自无忧。——明·冯梦龙《醒世恒言·一文钱小隙造奇冤》

【浅译】

做事之前不深思熟虑终究会后悔，人能做到处处忍让就自然没有忧患。

51. 饶人不是痴汉，痴汉不会饶人。——明·佚名《增广贤文》

【浅译】

能宽恕他人不是傻瓜，傻瓜不会宽恕他人。

52. 气馁者自画，量狭者易盈。——明·朱之瑜《朱舜水集·恭敏》

【注释】

自画：自己画地为牢，指自己限制自己。

【浅译】

缺乏勇气的人，自己限制自己；气量狭小的人，容易自满。

53. 严以律己，宽以字人。——明末清初·汪琬《送张牖如之

任南宁序》

【说明】

注译见第268页第58条。

54. 人之谤我也，与其能辩，不如能容；人之侮我也，与其能防，不如能化。——清·史搢臣《愿体集》（见于清·陈宏谋《五种遗规·训俗遗规》）

【说明】

史搢臣，名典，江苏扬州人，生卒年、生平事迹皆不详［据陈宏谋按"此集（《愿体集》）流布十余年"句推测，史搢臣当为清初之人］。

【浅译】

别人诽谤自己，与其辩解，倒不如能够宽容他；别人侮辱自己，与其随时提防，倒不如感化对方。

55. 彼之理是，我之理非，我让之；彼之理非，我之理是，我容之。——清·史搢臣《愿体集》（见于清·陈宏谋《五种遗规·训俗遗规》）

【浅译】

对方有理，自己没理，要让人；对方没理，自己有理，要宽容人。

56. 处事要宽平，而不可有松散之弊；持身贵严厉，而不可有激切之形。——清·王永彬《围炉夜话》

【浅译】

处事要宽缓平稳，但又不可流于松弛散漫的弊病；立身贵在严厉，但又不可有激烈迫切的情形。

57. 居心要宽，持身要严。——清·申居郧《西岩赘语》

【注释】

居心：存心，在心中。

【浅译】

心胸要宽广，立身要严格。

58. 人之心胸，多欲则窄，寡欲则宽。——清·金缨《格言联璧·存养类》

【浅译】

一个人的胸怀，若欲望太重，就会变得狭窄，减少欲望才能变得胸怀宽广。

59. 论人当节取其长，曲谅其短；做事必先审其害，后计其利。——清·金缨《格言联璧·处事类》

【浅译】

评论人应当选取他的长处，原谅他的短处；做事必须先分析它的害处，后计算它的益处。

60. 临事须替别人想，论人先将自己想。——清·金缨《格言联璧·接物类》

【浅译】

遇到事情时要替别人着想，议论别人时要先想想自己。

61. 事后而议人得失，吹毛索垢，不肯丝毫放宽，试思己当其局，未必能效彼万一。——清·金缨《格言联璧·接物类》

【注释】

当其局：在当时的情势下。当，在。其，当时。局，情势，局面。

【浅译】

事后议论人做事的得失，吹毛寻找污垢，一丝一毫都不肯放过，试想一下，如果自己在当时的情势下做那件事，未必能赶上人家的万分之一。

二、"让"——礼让为人

（一）先秦两汉篇

1. 天下莫柔弱于水，而攻坚强者莫之能胜，以其无以易之。弱之胜强，柔之胜刚，天下莫不知，莫能行。是以圣人云，受国之垢，是谓社稷主；受国不祥，是为天下王。正言若反。——《道德经·第七十八章》

【注释】

无以易之：意为没有什么能够代替它。易，替代，取代。受国之垢：意为承担国家的屈辱。垢，屈辱。社稷：指国家。社，土神。稷，谷神。古代是农业国，所以用土神和谷神代指国家。受国不祥：意为承担国家的祸难。不祥，灾难，祸害。正言若反：正面的话好像反话一样。

【浅译】

天下没有比水更柔弱的东西，而攻克坚硬和刚强的力量却没有胜过它的，因为没有什么能代替它。弱之所以能战胜强，柔之所以能攻克刚，天下没有人不知道，但就是没有人能做到。因此圣人说，能承担国家的屈辱，才能叫作国家的君主；能承担国家的祸患，才算是天下的君王。正面的话听起来恰像是反话。

2. 让，礼之主也。——《左传·襄公十三年》

【浅译】

谦让，是礼仪中最主要的。

3. 子曰："君子无所争，必也射乎！揖让而升，下而饮，其争也君子。"——《论语·八佾》

【注释】

射：原意为射箭，此处指古代的射礼。揖：拱手行礼，表示尊敬。

【浅译】

孔子说："君子没有什么可争的事情，如果一定要争的话，恐怕就是射礼比赛了。相互作揖谦让着升堂，（比赛后）谦让着下堂，（计算比赛成绩后）又谦让着升堂饮酒，那种竞争是君子之争。"

4. 子曰："能以礼让为国乎？何有？不能以礼让为国，如礼何？"——《论语·里仁》

【浅译】

孔子说："能够用礼让来治理国家吗？那还有什么困难呢？不能以礼让来治理国家，又怎样对待礼仪呢？"

5. 子曰："君子成人之美，不成人之恶，小人反是。"——《论语·颜渊》

【注释】

君子、小人：原来分别指贵族和平民，孔子时代开始从品德上划分。反是：和这相反。

【浅译】

孔子说："君子成全别人的好事，不促成别人的坏事，小人却恰好相反。"

6. 子曰："聪明睿智，守之以愚；功被天下，守之以让；勇力振世，守之以怯；富有四海，守之以谦。此所谓损之又损之之道也。"——《孔子家语·三恕》

【注释】

被:通"披",覆盖,恩泽。振:同"震",震动。损之又损之:原为老子的著名哲学术语,是说一天一天地去掉华饰,最后归于淳朴无为。这里字面上可理解为减少再减少,含义可理解为谦卑再谦卑。

【浅译】

孔子说:"聪明睿智的人,用愚笨来保守成业;功盖天下的人,用谦让来保守成业;勇力震动天下的人,用怯懦来保守成业;富有四海的人,用谦卑来保守成业。这就是所说的谦卑再谦卑的方法啊。"

7. 先王见教之可以化民也,是故先之以博爱,而民莫遗其亲;陈之以德义,而民兴行;先之以敬让,而民不争;导之以礼乐,而民和睦;示之以好恶,而民知禁。——《孝经·三才章》

【说明】

浅译见第60页第24条。

8. 劳苦之事则争先,饶乐之事则能让。——战国·荀况《荀子·修身》

【注释】

饶乐:富裕安乐。

【浅译】

劳累辛苦的事就抢在前面去做,富裕安乐的事则能让给他人。

9. 道德仁义,非礼不成;教训正俗,非礼不备;分争辨讼,非礼不决;君臣上下、父子兄弟,非礼不定;宦学事师,非礼不亲;班朝治军,莅官行法,非礼威严不行;祷祠祭祀、供给鬼神,非礼不诚不庄。是以君子恭敬撙节退让以明礼。——《礼记·曲礼上》

【说明】

注译见第86~87页第41条。

10. 谋于长者，必操几杖以从之。长者问，不辞让而对，非礼也。——《礼记·曲礼上》

【说明】

浅译见第88页第46条。

11. 君子贵人而贱己，先人而后己，则民作让。——《礼记·坊记》

【浅译】

君子尊重别人而把自己看得很轻，凡事先考虑别人，后考虑自己，那么百姓就会效法形成谦让之风。

12. 恭俭谦约，所以自守。——旧题 秦末·黄石公《素书·求人之志》

【说明】

注译见第105页第22条。

13. 夫民有余即让，不足则争；让则礼义生，争则暴乱起。——西汉·刘安《淮南子·齐俗训》

【浅译】

百姓丰衣足食就会懂得谦让，衣食不足就会相互争夺；互相谦让礼仪就会产生，相互争夺就会引起暴乱。

14. 逐鹿者不顾兔，决千金之货者不争铢两之价。——西汉·刘安《淮南子·说林训》

【注释】

顾：回头看。铢（zhū）：古代的重量单位，二十四铢等于旧制一两,此处指轻微的重量。

【浅译】

追猎鹿的人顾不上看跑过的兔子,决定交易价值千金货物的人是不会争执一株一两的价钱的。

15. 昔乎颜渊以退为进,天下鲜俪焉。——西汉·扬雄《法言·君子》

【注释】

以退为进:把退让当作前进。鲜:少。俪:并列,相比。

【浅译】

过去颜回把退让当作进取,世上很少有比得上他的人了。

16. 里谚曰:"让礼一寸,得礼一尺。"斯合经之要矣。——东汉·曹操《礼让令》

【浅译】

民间谚语说:"礼让别人一寸,就会得到别人礼让一尺。"这是合乎经书要领的。

(二)魏晋南北朝篇

17. 患人知进而不知退,知欲而不知足,故有困辱之累,悔吝之咎。——三国·魏·王昶(西晋·陈寿《三国志·魏书·王昶传》)

【注释】

悔吝(lìn):悔恨。咎(jiù):过失。

【浅译】

担心人知道前进不知道后退,知道索取不知道满足,所以受到困窘、屈辱的拖累，产生令人悔恨的过失。

18. 夫仁义礼制者，治之本也；法令刑罚者，治之末也。无本者不立，无末者不成。夫礼教之治，先之以仁义，示之以敬让，使民迁善日用而不知也。——西晋·袁准《袁子正书·礼政》（见于唐·魏徵等《群书治要》）

【说明】

《全晋文》中"夫礼教之治"前有"何则"二字。

【浅译】

仁义礼制，是治理国家的根本；法令刑罚，是治理国家的末梢。没有根本就不能立国，没有末梢就不能有所建树。以礼义教化治国，就要首先践行仁义，并且带头做到恭敬谦让，使民众在日常生活中不知不觉地趋向善良。

19. 小利不争，小忿不发，可以和众。——南朝梁·傅昭《处世悬镜·止之卷三》

【说明】

傅昭，字茂远。北地灵州（今宁夏回族自治区灵武市）人。为官以清静为政，不谋取私利。终日好学，至老不衰。《处世悬镜》是一本教人如何为人处世的书。

【浅译】

不争小的利益，不发泄小的愤怨，才可以与众人和谐相处。

（三）隋唐五代宋辽金篇

20. 众逐利而富寡，贤让功而名高。利大伤身，利小惠人，择之宜慎也。天贵于时，人贵于明，动之有戒也。——隋·王通《止

学》

【浅译】

追逐利益的人众多但富贵的人却很少，贤明的人谦让功劳但他的名望却会增高。利益大的容易伤害自身，利益小的能给人带来实惠，选择它们应该慎重。天道贵在有规律，人贵在明智，行动要遵守戒规。

21. 见利争让，闻义争为，有不善争改。——隋·王通《中说·魏相篇》

【注释】

不善：指缺点、错误。

【浅译】

见到利益争着辞让，听到符合道义的事争着去做，有缺点、错误争着改正。

22. 好事须相让，恶事莫相推。——唐·王梵志《好事须相让》

【浅译】

遇到好事要相互谦让，遇到坏事不要互相推诿。

23. 进有退之义，存有亡之机，得有丧之理。——唐·房玄龄（后晋·刘昫等《旧唐书·房玄龄传》）

【浅译】

进中包含着退的含义，存中包含着亡的可能，获得中包含着失去的道理。

24. 终身让路，不枉百步；终身让畔，不失一段。——唐·朱仁轨（北宋·宋祁、欧阳修等《新唐书·朱仁轨传》）

【说明】

朱仁轨,字德容,唐朝名臣、史学家朱敬则的哥哥。永城(今河南省永城市)人。终生未仕,隐居养亲。私谥孝友先生。

【注释】

枉:徒然,白白地。畔:田界。

【浅译】

一辈子给人让路,也不会多走一百步冤枉路;一辈子谦让田界,也不会失去一大段的田地。

25. 利居众后,责在人先。——唐·韩愈《送穷文》

【浅译】

得利益要在众人之后,尽责任要在他人之先。

26. 人能知止,以退为茂。——北宋·邵雍《瓮牖吟》

【注释】

茂:美好,此处指美好的德行。

【浅译】

人能知道停止,把退让当作美好的德行。

27. 一忍可以支百勇,一静可以制百动。——北宋·苏洵《心术》

【注释】

支:抗拒,抵御。

【浅译】

一个人的忍耐可以抵得上许多人的勇敢,一个人的沉静可以控制住许多人的躁动。

28. 舍己从人,最为难事。——北宋·程颢(北宋·程颢、程

颐《二程集·遗书卷·少日所闻诸师友说》）

【说明】

南宋朱熹、吕祖谦《近思录·克己》载此言出自明道先生（程颢）。

【注释】

从：顺从。

【浅译】

放弃自己（的利益或主张）而顺从他人，这是最难做到的事。

（四）元明清篇

29. 江海不与坎井争其清，雷霆不与蛙蚓斗其声。——明·刘基《郁离子·韩垣干齐王》

【说明】

刘基，字伯温，浙江青田南田武阳村（今属文成）人。元末明初政治家、军事家、文学家，明朝开国元勋。著有《郁离子》《犁眉公集》等。

【注释】

坎井：指浅井。

【浅译】

长江和大海不会与浅浅的水井去争谁更清澈，雷霆不会与青蛙和蚯蚓争斗谁的声音更高。（比喻宽宏大量者不与小人一般见识。）

30. 先人而后己者安，适己而劳人者危。——明·方孝孺《逊志斋集·倚席》

【说明】

方孝孺，字希直，一字希古，号逊志。明浙江宁海人。明朝文学家、思想家。著有《逊志斋集》。因拒绝为发动"靖难之役"的朱棣草拟即位诏书而被凌迟处死并被灭十族。

【浅译】

先为他人后为自己的人得享平安，只顾自己舒适而使他人劳累的人容易招祸。

31. 一争两丑，一让两有。——明·吕得胜《小儿语·杂言》

【说明】

吕得胜，又称吕近溪。明代归德府宁陵（今河南省商丘市宁陵县）人。其非常关心儿童教育工作。《小儿语》是以四言、六言、杂言为语言形式，以宣传做人道理为内容的儿歌类童蒙读物。

【浅译】

互相争夺，双方都出丑；互相谦让，都会有所得。

32. 忍激二字，是祸福关。——明·吕坤《呻吟语·存心》

【注释】

忍激：忍让与偏激，忍耐与激动，忍耐与急切等。

【浅译】

忍、激二字，是灾祸或福分的关键。

33. 烈士让千乘，贪夫争一文，人品星渊也，而好名不殊好利。——明·洪应明《菜根谭》

【注释】

烈士：有气节有壮志的人。千乘（shèng）：古代用四匹马拉一辆战车叫一乘，诸侯国的大小以兵车的多少来衡量，能拥有千乘的为大国。

【浅译】

一个恪守道义的人，能把千乘之国拱手让人；而一个贪得无厌的人，就连一文钱也要力争。就人品而论，其差别就如星辰与深渊一样。

然而，沽名钓誉博得好名声与不择手段获取钱财，在本质上没有什么不同。

34. 廉所以戒贪，我果不贪，又何必标一廉名，以来贪夫之侧目；让所以戒争，我果不争，又何必立一让的，以致暴客之弯弓。——明·洪应明《菜根谭》

【说明】

注译见第131页第54条。

35. 径路窄处，留一步与人行；滋味浓的，减三分让人嗜。此是涉世一极安乐法。——明·洪应明《菜根谭》

【注释】

嗜（shì）：品尝。

【浅译】

在狭窄的路上行走，要留出一步让别人走；有好吃的东西，要少吃三分，分一些给别人品尝。这就是处世中一种非常快乐的方法。

36. 处世让一步为高，退步即进步的张本；待人宽一分是福，利人实利己的根基。——明·洪应明《菜根谭》

【注释】

张本：开始。

【浅译】

为人处世让别人一步，这样才算是高明，退让一步是日后进步的开始；待人接物宽厚一点是福气，利人实际是利己的根本和基础。

37. 争先的径路窄，退后一步，自宽平一步；浓艳的滋味短，清淡一分，自悠长一分。——明·洪应明《菜根谭》

【浅译】

争先的路径狭窄，退后一步自然就宽平一步；浓艳滋味停留的时间短，清淡的滋味每一分都回味悠长。

38. 进步处便思退步，庶免触藩之祸。着手时先图放手，才脱骑虎之危。——明·洪应明《菜根谭》

【注释】

触藩：触，抵撞。藩，藩篱。比喻进退两难。出自《周易·大壮》："羝羊触藩，羸其角。不能退，不能遂。"（羝羊，公羊，亦作"牴羊"。羸，缠绕，困住。遂，行，往。意思是公羊撞到了篱笆上，缠住了羊角，进退不得。）

【浅译】

事业顺利进展时，应该有一个抽身隐退的准备，以免将来像山羊角夹在篱笆里一般，把自己弄得进退两难。刚开始做一件事时，就要预先计划好在什么情况下应该放手，才能脱离骑虎难下的尴尬局面。

39. 人情反复，世路崎岖。行不去处，须知退一步之法；行得去处，务加让三分之功。——明·洪应明《菜根谭》

【浅译】

世间的人情冷暖变化无常，人生的道路崎岖不平。当道路走不通时，必须知道退一步的方法；当道路行得通时，一定要有谦让三分的功德。

40. 立身不高一步立，如尘里振衣，泥中濯足，如何超达？处世不退一步处，如飞蛾投烛，羝羊触藩，如何安乐？——明·洪应明《菜根谭》

【注释】

濯（zhuó）：洗涤。

【浅译】

立身如果不能高一步站立，就好像在尘埃里抖衣服，在泥水里洗脚，又如何能超尘通达呢？处世如果不能退一步居处，就好比飞蛾扑向蜡烛，公羊用角顶撞篱笆，如何会身心安乐呢？

41. 夺利争名，甘居人后；观场游戏，肯让人先。——明·张岱《自为墓志铭》

【注释】

观场：指看热闹。场，戏曲舞台，此处当喻指社会官场。

【浅译】

夺利争名之事，心甘情愿落在人后；看热闹玩游戏，肯让别人先玩。

42. 为善之端无尽，只讲一让字，便人人可行；立身之道何穷，只得一敬字，便事事皆整。——清·王永彬《围炉夜话》

【注释】

端：方面。何穷：无穷，指很多。整：完整无缺，此处指做事完美。

【浅译】

行善的方面有很多，只要能做到一个"让"字，便人人都可以行善；立身的方法很多，只要做到一个"敬"字，便事事都可以做好。

43. 事当难处之时，只让退一步，便容易处矣；功到将成之候，若放松一着，便不能成矣。——清·王永彬《围炉夜话》

【浅译】

事情到了难以处理的时候，只要能够谦让后退一步，就很容易解决；事情到了将要成功的时候，只要稍微放松一下，就可能前功尽弃。

44. 不与人争得失，惟求己有知能。——清·王永彬《围炉夜话》

【注释】

知：同"智"，智慧。

【浅译】

不和他人去争获得与失去，只求自己能够具有智慧与才干。

45. 不让古人，是谓有志；不让今人，是谓无量。——清·金缨《格言联璧·持躬类》

【浅译】

不谦让古人（敢于超越），这叫作有志气；不谦让同时代的人，这叫作没有气量。

第九章 谦　和

"谦",篆文"☐☐_{说文}"(战国楚简虽有"☐_{清(九)·迡·7}"字,但用作"嗛"字),从言兼声。《说文解字》释作"敬也",《玉篇》释作"让也",《经典释文》释作"卑退为义,屈己下物也"。谦,是一种内心的谦逊,不是轻视自己,更不是使自己卑贱,而是一种对自我的清醒认识,一种对外部世界的理性应对。在《易经》六十四卦里,即使是吉卦也会有不吉的爻,却唯有"谦"卦六爻皆吉。那么,为何单单谦卦例外呢?《易传·谦》的解释可以很好地回答这个问题——"谦,尊而光,卑而不可逾",简单来说就是:谦逊,是不可战胜的。先秦时期,人们已对"谦受益"(《尚书·虞书·大禹谟》)有了深刻的认知,产生了颇多倡导谦逊的经典言论,如"谦,德之柄也"(《周易·系辞下》),"汝惟不矜,天下莫与汝争能;汝惟不伐,天下莫与汝争功"(《尚书·虞书·大禹谟》)等。与此同时,古人深刻意识到自满的危害,其劝诫自满之言,对于今天的我们来说依然有着极为重要的警示意义。如"满招损"(《尚书·虞书·大禹谟》),"志自满,九族乃离"(《尚书·商书·仲虺之诰》),"矜其能,丧其功"(《尚书·商书·说命中》),"盈而荡,天之道也"(《左传·庄公四年》),"恶有满而不覆者哉"(《荀子·宥坐》载孔子语),"自是者不章，自建者不立"（阮籍《达庄论》）等。的确，人一旦骄傲自满，便再也无法提高自己，而徘徊在原点注定难以有大的建树。此外，骄傲之人往往自视甚高而对他人视若无睹，缺乏基本的尊重，人际关系难免糟糕，这不仅会有碍自身的事业发展，还会破坏和谐的社会环境。因此，谦逊不仅是一种谨严的态度，一种高尚的美德，更是一种处世智慧。

"和"，金文字形已是从口禾声，如春秋晚期史孔和中的"🌿集成10352"、战国早期陈眆簠盖中的"🌿集成4190"，此后战国文字、篆文、隶书等皆承袭这一构形。此字形初义不明，《说文解字》释为"相应也"，指声音相应和，和谐地跟着歌唱或伴奏。"鸣鹤在阴，其子和之"（《易·中孚》）、"阳春之曲，和者必寡"（《后汉书·黄琼传》）中皆用此义，今属四声的"和（hè）"之字义。而《广雅》所释"谐也"，才是现今二声的"和（hé）"的字义。其实，"和谐"义原属于"龢"字。甲骨文字形作"🎵前2.45.2"。金文字形略有差异，如西周早期龢父辛爵中的"🎵集成9809"、西周晚期中义钟中的"🎵集成29"、春秋中期庚儿鼎中的"🎵集成2716"，以及春秋晚期余赎逐儿钟（又名楚余义钟）中的"🎵集成183"等，除了"🎵集成183"为从音禾声外，皆为从龠禾声，义皆为音乐和谐。"龠"本指竹管乐器，子璋钟、沇儿钟等铭文中的"自乍（作）龢钟"用的就是本义。"龢"字在春秋以前频频使用，战国后使用频率骤降，文献中渐以"和"字代之。"和"，用现在的话来讲就是"和谐"，是一个具有深远历史意义和深刻现实意义的哲学命题。对于中国人来说，和睦相处、和平共处、和衷共济、和气致祥、以和为贵是生活理念，更是文化认同。"和"文化是中国传统文化的核心与精髓。从《尚书》的"协和万邦"、《周易·咸》的"圣人感人心，而天下和平"，到今天所倡导的"和谐社会"，"和"的文化理念自古至今一以贯之。"和"的概念滥觞于上古，既是一种关乎个人修养和社会道德的衡量标准，又是一种稳定协调的理想生活范式，是古往今来的中国人对生活的美好憧憬，和对国家安定繁荣的共同心愿。春秋初期，管仲就明确提出了"和合故能谐"（《管子·兵法》）的和谐观念。其后，儒家的代表人物更加深化和发扬了"和"的文化概念。孔子所创立的"仁"学思想体系就是讲人与人之间的关系的，这个关系的出发点、立足点和终极目标就是"和谐"，"礼之用，和为贵"（《论语·学而》）、"君子和而不同，小人同而不和"（《论语·子路》）、"盖均无贫，和无寡，安无倾"（《论语·季氏》）等，强调了个人身心以及人我社会的和谐。孟子又言"天时不如地利，地利不如人和"（《孟子·公孙丑下》）。儒家所提倡的"和"是中华人文精神的内核。

纵观泱泱华夏历史，无论是修身、齐家，还是治国、邦交、安天下，中国人都奉行"谦和"的价值观。"谦虚谨慎""和而不同"，不仅是中国人所欣赏的君子之风，更是植根于民族文化的一种独特价值追求。"谦和"文化早已融入国人血液，化为民族灵魂。

一、"谦"——谦虚谨慎

（一）先秦两汉篇

1.谦，德之柄也。——《周易·系辞下》

【注释】

柄：根本。

【浅译】

谦虚是道德的根本。

2.谦,亨,君子有终。——《周易·谦》

【浅译】

谦虚,亨通,君子(有谦德)善始善终。

3.谦谦君子,卑以自牧也。——《周易·谦》

【注释】

谦谦:谦逊貌。卑:下。牧:养。

【浅译】

君子以谦卑的态度培养自己的德行。

4.劳谦,君子有终,吉。——《周易·谦》

【浅译】

不辞劳苦而又谦逊的君子,将会有好的结果,吉祥。

5.劳谦君子,万民服也。——《周易·谦》

【浅译】

不辞劳苦而又谦逊的君子,万民归服。

6.无不利,㧑谦。——《周易·谦》

【注释】

㧑(huī):王弼注:"指㧑皆谦,不违则也。"指施行谦德。

【浅译】

没有任何不吉利,施行谦德。

7.天道亏盈而益谦,地道变盈而流谦,鬼神害盈而福谦,人道恶盈而好谦。谦尊而光,卑而不可逾,君子之终也。——《周易·谦》

【注释】

盈：满将外溢。谦：不满而能接受。

【浅译】

天的规律是让满的亏损而补偿不满的，地的规律是让满的溢出而流向不满的，鬼神是损害满的而造福不满的，人的本性是厌恶自满的而喜欢谦逊的。谦虚，能使尊贵者更有光彩，让卑下者赢得尊重，君子应该始终保持谦虚的美德。

8. 汝惟不矜，天下莫与汝争能；汝惟不伐，天下莫与汝争功。——《尚书·虞书·大禹谟》

【注释】

矜（jīn）：自大，自夸。伐：自夸。

【浅译】

你如果不自大，天下就没有谁与你争能力高下；你如果不自夸，天下就没有谁与你争功劳大小。

9. 满招损，谦受益。——《尚书·虞书·大禹谟》

【浅译】

骄傲自满就会遭受损失，谦虚谨慎就会收获益处。

10. 德日新，万邦惟怀；志自满，九族乃离。——《尚书·商书·仲虺之诰》

【注释】

自满：自以为满足而得意。九族：指高祖、曾祖、祖父、父亲、自己、儿子、孙子、曾孙、玄孙九代。后世的"诛灭九族"则指父四族（祖父母、父母、儿女及配偶、孙子孙女及配偶），母三族（母亲的父母、母亲的兄弟姐妹及配偶、母亲兄弟姐妹的子女及配偶），妻二族（妻子的父母、妻子的兄弟姐妹及配偶）。此处泛指最亲近的人。

【浅译】

德行每天进步，万国都会归顺；内心自以为得意，最亲近的人也会背离。

11. 矜其能，丧厥功。——《尚书·商书·说命中》

【注释】

厥：其。

【浅译】

自夸个人的才能，就会丢掉功劳。

12. 温温恭人，维德之基。——《诗经·大雅·抑》

【注释】

温温：宽柔。基：根本。这里引申为标准。

【浅译】

温和谦恭的人，是德行高尚的标准。

13. 事者，生于虑，成于务，失于傲。——旧题 春秋·管仲《管子·乘马》

【浅译】

事情总是产生于谋虑，成功于努力，失败于傲慢。

14. 不伐其功，不私其利。——旧题 春秋·管仲《管子·形势解》

【注释】

伐：自夸。

【浅译】

不自夸功劳，不私占利益。

15. 是以圣人终不为大，故能成其大。——《道德经·第六十三章》

【浅译】

正因为圣人自始至终不自以为伟大，所以才能成就他的伟大。

16. 江海所以能为百谷王者，以其善下之，故能为百谷王。——《道德经·第六十六章》

【注释】

谷：山沟，指河流。

【浅译】

长江大海之所以能成为所有河流之王，是因为它善于处在低下之处，所以才能为所有河流之王。

17. 太山之高，非一石也，累卑然后高。——旧题 春秋·晏婴《晏子春秋·内篇谏下第二》

【注释】

太山：指泰山。太，古作"大"，也作"泰"。卑：低。

【浅译】

泰山的高大，不是靠一块石头垒起来的，是把下面众多石头累积起来，然后才高大的。

18. 盈而荡，天之道也。——《左传·庄公四年》

【注释】

盈：满。此处指福禄盈满。荡：震动不安，动摇。

【浅译】

满了就会动荡溢出，这是自然规律。

19. 子曰："见贤思齐焉，见不贤而内自省也。"——《论

语·里仁》

【说明】

注译见第226页第15条。

20. 子曰："三人行,必有我师焉。择其善者而从之,其不善者而改之。"——《论语·述而》

【说明】

注译见第229页第25条。

21. 子曰："如有周公之才之美,使骄且吝,其余不足观也已。"——《论语·泰伯》

【注释】

周公:姓姬,名旦,周文王之子,周武王之弟,西周初年执政大臣,我国完备礼乐典章制度制定者,孔子心目中的道德完人。吝(lìn):吝惜,小气。

【浅译】

孔子说："即使有周公那样的才能和美德,如果骄傲自大而又吝啬小气,其他方面也就不值得一看了。"

22. 子曰："君子泰而不骄,小人骄而不泰。"——《论语·子路》

【注释】

泰:庄重严肃。

【浅译】

孔子说："君子庄重严肃而不傲慢,小人傲慢而不庄重严肃。"

23. 子曰："聪明睿智,守之以愚;功被天下,守之以让;勇力振世,守之以怯;富有四海,守之以谦;此所谓损之又损之道

也。"——《孔子家语·三恕》

【说明】

注译见第304~305页第6条。

24. 慧者心辩而不繁说，多力而不伐功。此以名誉扬天下。——《墨子·修身》

【注释】

伐：自夸。

【浅译】

有才智的人善于在内心分辨而不作繁复的解说，出了大力而不自夸功劳。由此声名远播天下。

25. 在上不骄，高而不危。——《孝经·诸侯章》

【浅译】

身居高位而不傲慢，地位再高也不容易倾覆。

26. 胜而不骄，败而不怨。——旧题　战国·商鞅《商君书·战法》

【说明】

商鞅，姬姓，公孙氏，名鞅。卫国人，卫国国君后裔，战国时期政治家、改革家、思想家，法家代表人物。商鞅通过变法，使秦国一跃成为当时强国。《商君书》又称《商子》，着重论述商鞅一派在当时秦国施行的变法理论和具体措施。今人多认为此书是商鞅及其他法家后学遗著的汇编，是法家学派的代表作之一。

【浅译】

打了胜仗不骄傲，打了败仗不埋怨。

27. 孟子曰："人之患在好为人师。"——《孟子·离娄上》

【注释】

患：毛病。

【浅译】

孟子说:"人最大的毛病就是喜欢以别人的老师自居。"

28. 知其愚者,非大愚也;知其惑者,非大惑也。大惑者,终身不解;大愚者,终身不灵。——《庄子·外篇·天地》

【注释】

解:醒悟,清楚。灵:西晋司马彪注"晓也",唐朝成玄英注"知也",明白。

【浅译】

知道自己是愚笨的,并不是最愚笨的人;知道自己是迷惑的,并不是最迷惑的人。最迷惑的人,一辈子也不醒悟自己迷惑;最愚笨的人,一辈子也不明白自己愚笨。

29. 人能虚己以游世,其孰能害之?——《庄子·外篇·山木》

【浅译】

人如果能以虚心的态度立身处世,又有谁能够伤害他呢?

30. 天不言而人推高焉,地不言而人推厚焉。——战国·荀况《荀子·不苟》

【注释】

推:推崇。

【浅译】

天不说话而人们自然推崇它的高远,地不说话而人们自然推崇它的深厚。(比喻有德之人不自夸而自然受人拥戴。)

31. 憍泄者，人之殃也；恭俭者，偋五兵也。虽有戈矛之刺，不如恭俭之利也。——战国·荀况《荀子·荣辱》

【说明】

注译见第103页第16条。

32. 孔子观于鲁桓公之庙，有欹器焉。孔子问于守庙者曰："此为何器？"守庙者曰："此盖为宥坐之器。"孔子曰："吾闻宥坐之器者，虚则欹，中则正，满则覆。"孔子顾谓弟子曰："注水焉。"弟子挹水而注之，中而正，满而覆，虚而欹。孔子喟然而叹曰："吁！恶有满而不覆者哉！"——战国·荀况《荀子·宥坐》

【注释】

鲁桓公：姬姓，名允（《世本》曰名轨），鲁惠公之子，鲁隐公之弟，春秋时期鲁国第十五位国君。欹（qī）器：此为古代一种容器，里面不盛水则倾斜，盛水一半则端正，水盛满了就倾倒。欹，倾斜。宥（yòu）坐：放在座位右边，用来警诫自己。宥，通"右"，右边、右侧。覆：翻倒。注：灌入。挹（yì）：舀。恶（wū）：怎么。

【浅译】

孔子到鲁桓公的庙中去参观，在庙中见到一种倾斜易倒覆的器皿。孔子问看守庙宇的人："这是什么器皿？"守庙的人回答说："这大概是放在座位右边，来警诫人们的器具。"孔子说："我听说这种放在座位右边来警诫人们的器具，空着时就会倾斜，装一半水就会端正，装满水了就会翻倒。"孔子回头对学生说："往里面灌水吧。"他的学生往欹器里灌水，倒了一半水时欹器就立端正了，装满了水后欹器就翻倒了，倒空了水它又倾斜了。孔子感慨地说："唉，哪会有水满了而不翻倒的道理呢!"

33. 不知而自以为知,百祸之宗也。——秦·吕不韦《吕氏春秋·有始览·谨听》

【注释】

宗:根源。

【浅译】

不知道而自以为知道,(盲目自满)是一切祸患的根源。

34. 贤者任重而行恭,知者功大则辞顺。——《战国策·赵策二》

【浅译】

贤能的人,肩负重任而行动谦恭有礼;智慧的人功劳大而言辞和顺。

35. 高行微言,所以修身;恭俭谦约,所以自守。——旧题 秦末·黄石公《素书·求人之志》

【说明】

注译见第105页第22条。

36. 敖不可长,欲不可从,志不可满,乐不可极。——《礼记·曲礼上》

【注释】

敖:通"傲",傲慢。从:通"纵",放纵。

【浅译】

傲慢不可滋长,欲望不可放纵,心志不可自满,享乐不可没有节制。

37. 是故君子不以其所能者病人,不以人之所不能者愧

人。——《礼记·表记》

【注释】

病人：指责人。病，指责毛病。愧人：使人难堪、羞愧。

【浅译】

所以，品德高尚的人不会以自己能够做到的事指责别人，不会以别人不能够做到的事让别人难堪。

38. 是故君子不自大其事，不自尚其功，以求处情；过行弗率，以求处厚；彰人之善而美人之功，以求下贤。是故君子虽自卑，而民敬尊之。——《礼记·表记》

【注释】

尚：夸耀。率：遵循。下贤：以谦卑之心礼敬贤人。下，谦卑处下。

【浅译】

所以，品德高尚的人不自我夸大做过的事，不自我夸耀自己的功劳，是为了符合实情；有过错的行为就改正，不再遵循错误的做法，是为了保持自己的忠厚品行；彰显别人的美德，赞扬别人的功劳，是为了礼敬贤能的人。所以品德高尚的人虽然贬低自己，却更加得到民众的尊敬。

39. 地洼下，水流之；人谦下，德归之。——旧题　西汉·河上公《老子道德经河上公章句》

【说明】

河上公亦称"河上丈人"，隐士，生平不详，黄老哲学的集大成者，最主要贡献是为老子的《道德经》作注。《河上公章句》（又名《道德真经注》《道德经章句》等）相传为河上公所撰，是现存老子注本中成书较早，影响较大者。

【注释】

洼：低凹。

【浅译】

地面坑洼低下，水就会汇流到那里；为人谦逊礼下，美德就会汇集到他身上。

40. 故《易》有一道，大足以守天下，中足以守其国家，小足以守其身，谦之谓也。——西汉·韩婴《韩诗外传》卷三

【注释】

小：一作"近"。

【浅译】

所以，《易》有一个道理，大能保住天下，中能保住国家，小能保全自身，说的就是谦逊。

41. 故功盖天下，不施其美。——西汉·刘安《淮南子·诠言训》

【注释】

盖：压倒。施：散布，此处指向人夸耀。

【浅译】

所以，功勋再大，也不向人夸耀。

42. 夫十室之邑，必有忠信；三人并行，厥有我师。——西汉·刘彻（东汉·班固《汉书·武帝本纪》）

【说明】

刘彻，即汉武帝，西汉第七位皇帝，谥号孝武皇帝，庙号世宗，葬于茂陵。《汉书·武帝本纪》载此言出自汉武帝诏令。

【注释】

夫：句首发语词。邑：古代区域以九夫为井，四井为邑，邑方二里。厥：语气助词。

【浅译】

只有十多户人家的小地方，也定有忠诚守信的人；几个人并肩走路，其中一定会有人在某一方面可以做我的老师。

43. 满而不溢，泰而不骄。——西汉·桓宽《盐铁论·褒贤》

【注释】

泰：安定平和，泰然自若。

【浅译】

已满盈但不溢出，安定平和而不骄傲。

44. 无道人之短，无说己之长。——东汉·崔瑗《座右铭》

【说明】

崔瑗，字子玉。涿郡安平（今河北省安平县）人。东汉著名书法家、文学家、学者。代表作《座右铭》。

【浅译】

不要挑剔别人的短处，不要夸耀自己的长处。

45. 故君子常虚其心志，恭其容貌，不以逸群之才加乎众人之上；视彼犹贤，自视犹不足也。故人愿告之而不厌，诲之而不倦。——东汉·徐幹《中论·虚道》

【注释】

虚其心志：将自己的胸怀虚化，比喻非常虚心，非常谦虚。

【浅译】

所以，品德高尚的人常常非常虚心，举止恭敬有礼，不因有超群的才干而把自己放在众人之上；把别人看作是有才能的贤者，看自己则常觉得有很多不足。因此别人愿意告诫他而不觉得厌烦，教诲他而不觉得疲倦。

（二）魏晋南北朝篇

46. 彼小人则不然，矜功伐能，好以陵人，是以在前者人害之，有功者人毁之，毁败者人幸之。——三国·魏·刘邵《人物志·释争》

【说明】

刘邵，即刘劭，字孔才。广平邯郸（今属河北）人。三国时期曹魏大臣、思想家和政治家。参与编纂类书《皇览》，制定《新律》，编写《人物志》品评人才。著有《许都赋》《洛都赋》等，多已亡佚。

【注释】

矜（jīn）：自大。伐：自夸。陵：同"凌"，侵犯，欺侮。在前：指地位高。幸：幸灾乐祸。

【浅译】

那些小人就不是如此，喜欢夸耀自己的功绩和才干，并以此来欺侮别人。因此地位高时别人就会陷害他，有功劳时别人就会诋毁他，遭受失败时别人就会幸灾乐祸。

47. 夫人有善鲜不自伐，有能者寡不自矜。伐则掩人，矜则陵人。掩人者人亦掩之，陵人者人亦陵之。——三国·魏·王昶（西晋·陈寿《三国志·魏书·王昶传》）

【注释】

夫：句首发语词。伐：自夸。矜：自大。

【浅译】

人有了善行很少有不自夸的,有了才能很少有不自大的。自夸就要掩盖别人的长处,自大就会欺侮别人。掩盖别人长处的人,别人也会掩盖他的长处;欺侮别人的人,别人也会欺侮他。

48. 自是者不章,自建者不立。——三国·魏·阮籍《达庄论》

【注释】

自是:自以为是。章:同"彰",清楚,明白。自建:自我夸耀。立:建立,有实绩。

【浅译】

自以为是的人糊涂,自我夸耀的人无功。

49. 出不辞劳,入不数功。——东晋·葛洪《抱朴子·外篇·臣节》

【浅译】

出去做事不辞劳苦,结束归来不计较功劳大小。

50. 畏盈居谦,乃终有庆。——东晋·葛洪《抱朴子·外篇·臣节》

【注释】

盈:充满,引申为骄傲自满。居:居守,即谨守。

【浅译】

因为害怕骄傲自满就谨守谦逊,最后一定会有好的结果。

51. 盖劳谦虚己,则附之者众;骄慢倨傲,则去之者多。——东晋·葛洪《抱朴子·外篇·刺骄》

【注释】

盖：发语词。虚己：虚心。倨（jù）：傲慢。

【浅译】

勤劳谦虚，依附的人就多；骄横傲慢，离开的人就多。

52. 天地鬼神之道，皆恶满盈。谦虚冲损，可以免害。——北齐·颜之推《颜氏家训·止足》

【注释】

满盈：充满，充盈，指很满。"满"和"盈"同义。冲损：淡泊谦让。

【浅译】

天道、地道、鬼道、神道，全都厌恶满盈。谦逊淡泊，可以免除祸害。

（三）隋唐五代宋辽金篇

53. 谦虚温谨，不以才地矜物。——唐·房玄龄等《晋书·郑默传》

【注释】

才地：才能和门第。矜：自负，骄傲。物：指自己之外的人，众人。

【浅译】

要谦虚、温和、谨慎，不要依凭自己的才干和门第对众人傲慢。

54. 念高危，则思谦冲而自牧；惧满溢，则思江海下百川。——唐·魏徵《荐太宗十思疏》

【注释】

冲：冲和，淡泊。牧：管理，此指约束。满溢：因水满而导致外溢流出,此处比喻自满、自我膨胀。

【浅译】

如果因身居高位而有危机意识,就要想着用谦虚冲和来约束自己;如果害怕自满自大,就要想着江海处于众多河流之下(汇聚百川而成其大)。

55. 志骄于业泰,体逸于时安。——唐·徐贤妃《谏太宗息兵罢役疏》

【说明】

徐贤妃,即徐惠。湖州长城(今浙江省长兴县)人。才华出众,唐太宗李世民的妃嫔。

【注释】

泰:通达。

【浅译】

志气骄姿往往源于事业通达,安逸享乐多是因为时世安定太平。

56. 何言者天,成蹊者李。——唐·姚崇《口箴》

【注释】

蹊:小路。

【浅译】

天何时自夸过,却显得极高;李树不说话,观赏者却多得在树下踏出了小路。

57. 始知五岳外,别有他山尊。——唐·杜甫《木皮岭》

【注释】

五岳:我国五大名山,即东岳泰山、南岳衡山、西岳华山、北岳恒山、中岳嵩山。尊:高。

【浅译】

才知道在五岳之外更有别的高山。

58. 桃红李白皆夸好，须得垂杨相发挥。——唐·刘禹锡《杨柳枝词九首》其二

【注释】

相发挥：相互辉映成趣。

【浅译】

桃花艳红、李花雪白，人们都称赞美，但这美景还须垂柳辉映衬托才显得更美。

59. 水能性淡为吾友，竹解心虚即我师。——唐·白居易《池上竹下作》

【浅译】

水能使人的性格淡泊，因而我以水为友；竹子懂得虚心谦逊，因而可以做我的老师。

60. 周公恐惧流言日，王莽谦恭未篡时。向使当初身便死，一生真伪复谁知？——唐·白居易《放言五首》其三

【说明】

不同版本中，诗文字词略有出入。"流言日"一作"流言后"。"未篡时"一作"下士时"。"向使当初"作"假使当年""向使当时""若使当时"等。"复谁知"一作"有谁知"。

【注释】

周公：姓姬，名旦，周武王弟弟，周成王的叔叔。武王死，他辅佐成王，忠心耿耿，而流言却诬他有篡位之心。王莽：西汉末年外戚，大臣。未篡位时，假装谦恭下士，散舆马衣裘赈济宾客，家无所余，以此来迷惑

国人，收买人心。

【浅译】

周公辅佐成王忠心耿耿，而流言却中伤他有篡位之心，在流言蜚语盛传之时周公诚惶诚恐；王莽是个大野心家，但在篡位的阴谋未得逞之时，表面上十分谦逊恭谨。假使当初他们便突然死去，各自一生的真伪又有谁会再知道呢？

61. 强辩者饰非，谦恭者无争。——北宋·林逋《省心录》

【浅译】

强词夺理的人喜欢掩饰自己的过错，谦逊恭谨的人与世无争。

62. 富贵骄人，固不善；学问骄人，害亦不细。——北宋·程颢（北宋·程颢、程颐《二程集·遗书卷·端伯师传说》）

【说明】

南宋朱熹、吕祖谦《近思录·警戒》载此言出自明道先生（程颢）。

【浅译】

因为富贵而傲慢无礼，固然不好；因为学识渊博而傲慢别人所带来的祸害也不小。

（四）元明清篇

63. 自瞽者乐言己之长，自聩者乐言人之短。——明·刘基《郁离子·自瞽自聩》

【注释】

自瞽（gǔ）、自聩（kuì）：瞽，盲也，这里比喻没有观察能力。聩，耳聋，这里引申为昏聩，不明事理。

【浅译】

自己看而不见的人,喜欢说自己的长处;自己听而不闻的人,喜欢说他人短处。

64. 故智而能愚,则天下之智莫加焉。——明·刘基《郁离子·大智》

【注释】

莫加:不能增加,指不能超过。

【浅译】

所以,有智慧而自以为愚笨的人,那么天下间没有谁的智慧是能超过他的。

65. 故智不自智,而后人莫与争智。辞其名,受其实,天下之大智哉!——明·刘基《郁离子·大智》

【注释】

辞:推辞,辞谢。实:实质,实际。

【浅译】

所以,智者不自认为智慧,而后人就没有人和他争智慧。辞掉虚名,接受实质,这才是天下的大智慧。

66. 虚己者进德之基。——明·方孝孺《侯城杂诫》

【注释】

虚己:虚心。

【浅译】

虚心是品德修养进步的基础。

67. 人之病在乎好谈其所长。——明·王达《笔畴》

【说明】

王达,字达善。无锡(今江苏省无锡市)人。明朝官员,博通经史。著有《耐轩集》《天游稿》。

【浅译】

人的毛病在于喜欢谈论自己的长处。

68.人生大病,只是一"傲"字。——明·王守仁《传习录》

【注释】

病:担忧。一说毛病。

【浅译】

人一生中最大的担忧(或译毛病)就是骄傲。

69.故自高无卑,无卑则危;自大无众,无众则孤。——明·李梦阳《空同集·论学下篇》

【说明】

李梦阳,字献吉,号空同子,明庆阳(今属甘肃)人,后徙归祖籍河南扶沟。明代中期文学家,复古派"前七子"的领袖人物。著有《空同集》。

【注释】

卑:低下,此指根基。

【浅译】

所以,自以为高高在上的人没有根基支撑,没有根基支撑就很危险;自大的人没有众人支持,没有众人支持就很孤立。

70.毋以己之长而形人之短,毋因己之拙而忌人之能。——明·洪应明《菜根谭》

【注释】

形：比。

【浅译】

不要用自己的长处去对比别人的短处，不要因为自己笨拙就妒忌别人的才能。

71. 石火光中，争长竞短，几何光阴；蜗牛角上，较雌论雄，许大世界。——明·洪应明《菜根谭》

【注释】

石火：以石相击迸出的火花。竞：强劲的样子，竞争。"蜗牛角"句：典故出自《庄子·杂篇·则阳》，说有人在蜗牛角的左触上建立了一个国家，名字叫触氏；又有人在蜗牛角的右触上建立了一个国家，名字叫蛮氏。两国为了在蜗牛角上争地盘，发动了战争，伏尸数万，胜利国追杀失败国很远，十五天才返回。此寓言故事意在说明为了一点儿很小的利益血腥厮杀，完全是得不偿失，没有必要。较、论：较，较量。论，评定。二字义近。雌、雄：指成败、高低。

【浅译】

在石头碰撞出的火花中争较火光长短，火花本身能有多少光亮；在蜗牛角上较量评定成败，蜗牛角能有多大个世界。（比喻人要学会谦让，没必要为了一丁点儿小利益而争斗。）

72. 为人第一谦虚好，学问茫茫无尽期。——明·冯梦龙《警世通言·王安石三难苏学士》

【浅译】

做人最美好的品格就是谦虚，学问是没有做完的时候的。

73. 故上智者必不自智，下愚者必不自愚。——明末清初·陈

确《陈确集·瞽言·近言集》

【注释】

上、下：这里都是"最"的意思。

【浅译】

所以，最智慧的人必定不自以为聪明，最愚蠢的人必定不自以为愚蠢。

74. 自谦则人愈服，自夸则人必疑我。——明末清初·申涵光《荆园小语》

【说明】

申涵光，字孚孟，一字和孟；号凫盟，一号聪山。直隶永年（今河北省邯郸市）人。明末清初文学家，河朔诗派领袖人物。其诗以杜甫为宗，兼采众家之长。著有《聪山集》《荆园小语》等。

【浅译】

自我谦虚，别人会更加信服；自我夸耀，别人就必定怀疑我。

75. 盛满易为灾，谦冲恒受福。——清·张廷玉《杂兴》

【说明】

张廷玉，字衡臣，号砚斋。清安徽桐城人。康熙、雍正、乾隆三朝元老，谥号文和，是整个清朝唯一一个配享太庙的汉臣。先后领导修订《清圣祖实录》《明史》《大清会典》等史书。

【浅译】

盛气凌人、骄傲自满，就容易招致灾祸；谦逊冲和，就会长久地受到福赐。

76. 满者损之机，亏者盈之渐。——清·郑燮《郑板桥全集·横额·吃亏是福》

【说明】

出自郑板桥为潍县官廨所题横额"吃亏是福"的题跋:"满者损之机,亏者盈之渐。损于己则益于彼,外得人情之平,内得我心之安,既平且安。福即在是矣。"

【注释】

机:先兆,开始。渐:事物演变的开端。

【浅译】

自满是损折的先兆,亏缺是充实的开端。

77. 整瓶不摇半瓶摇。——清·李汝珍《镜花缘》第二十三回

【说明】

李汝珍,字松石。大兴(今北京)人。清代小说家、文学家。代表作为小说《镜花缘》,另著有《李氏音鉴》《受子谱》等。

【浅译】

装满瓶子的水不会摇晃,半瓶子的水反而晃荡。(比喻有真才实学的人反倒谦虚,没多少水平的人反而喜欢卖弄。)

78. 富贵易生祸端,必忠厚谦恭,才无大患。——清·王永彬《围炉夜话》

【浅译】

大富大贵之后容易产生灾祸,一定要忠诚、厚道、谦逊、恭敬,才能没有大的祸患。

79. 家中无论老少男妇,总以习勤为第一义,谦谨为第二义。劳则不佚,谦则不傲,万善皆从此生矣。——清·曾国藩《曾国藩全集·家书之一·致澄弟沅弟季弟》

【注释】

佚：安逸，指安于现在状，不思进取。

【浅译】

家人中不论是男女老少，都要将习惯勤劳作为第一要义，谦虚谨慎作为第二要义。勤劳就不会贪图安逸，谦虚就不会骄傲，一切善行都由这两点产生。

80. 余教儿女辈惟以勤俭谦三字为主。——清·曾国藩《曾国藩全集·家书之二·致澄弟》

【浅译】

我教育儿女辈们要以"勤""俭""谦"三字为原则。

81. 好胜人者，必无胜人处；能胜人，自不居胜。——清·申居郧《西岩赘语》

【浅译】

喜欢胜过别人的人，必定没有胜过别人的地方；能够胜过别人的人，自己不会以胜人者自居。

82. 君子不矜己善，而乐扬人善。——清·申居郧《西岩赘语》

【浅译】

君子不夸耀自己的好处，而乐于赞扬别人的好处。

83. 越自尊大，越见器小。——清·申居郧《西岩赘语》

【浅译】

越是自高自大，越是显得器量狭小。

84. 谦退是保身第一法，安详是处事第一法。——清·金缨《格言联璧·存养类》

【浅译】

谦逊退让是保持自身品行的第一重要方法，从容自如是处理事情的第一重要方法。

85. 傲当矫之以谦，肆当矫之以谨。——清·金缨《格言联璧·存养类》

【浅译】

傲慢应当用谦虚来矫正，放肆应当用谨慎来矫正。

二、"和"——和而不同

（一）先秦两汉篇

1. 保合大和，乃利贞。——《周易·乾》

【注释】

保合：保，保持。合，一说长合。一说合会。一说协合。大和：即"太和"。一说和顺、和谐。一说指天地间阴阳冲和之气，即四时之气谐调。大，同"太"。利贞：一说"利贞"即利于正，利于万物正常生长、发展。一说万物得利而不失其正。一说和正（利，和也）。贞，正。

【浅译】

（天道）长久保持和谐的状态，就能利于自然万物的正常生长。

2. 圣人感人心，而天下和平。——《周易·咸》

【浅译】

圣人以道德感化人心而天下和平。

3. 二人同心，其利断金。——《周易·系辞上》

【注释】

利：锋利。

【浅译】

两人若能同心协力，其力量就像锋利的钢刀，能把坚硬的金属砍断。（讲团结的重要性。）

4. 九族既睦，平章百姓。百姓昭明，协和万邦。黎民于变时雍。——《尚书·虞书·尧典》

【注释】

九族：指高祖、曾祖、祖父、父亲、自己、儿子、孙子、曾孙、玄孙九代。后世的"诛灭九族"则指父四族（祖父母、父母、儿女及其配偶、孙子孙女及其配偶），母三族（母亲的父母、母亲的兄弟姐妹及其配偶、母亲兄弟姐妹的子女及其配偶），妻二族（妻子的父母，妻子的兄弟姐妹及其配偶）。此处当指后者。平：分辨。章：彰明。百姓：百官之族姓，指众官员。古时有姓氏的皆是贵族。昭：明。万邦：众邦国。黎民：平民。雍：和。

【浅译】

九族之亲和睦后，又辨明百官的优劣。百官优劣辨明了，再协调各个邦国和睦相处。民众于是随着时风变化，也和睦相处了。

5. 妻子好合，如鼓瑟琴。兄弟既翕，和乐且湛。——《诗经·小雅·常棣》

【注释】

妻子：妻与子。好合：和睦。翕（xī）：合，和顺、和睦的意思。湛（dān）：一作"耽"。一说久也。一说甚也。

【浅译】

妻子儿女和睦,就像琴瑟合奏。兄弟关系融洽,和睦快乐永久。

6. 既和且平,依我磬声。——《诗经·商颂·那》

【注释】

和:音节和谐。平:正,指乐声高低大小适中。依:随着。磬(qìng):一种玉制或石制的打击乐器。

【浅译】

音乐的曲调和谐清平,随着磬声而起止。

7. 畜之以道则民和,养之以德则民合。和合故能谐,谐故能辑,谐辑以悉,莫之能伤。——旧题 春秋·管仲《管子·兵法》

【注释】

辑:合也。谐辑:和谐一致。悉:全。

【浅译】

以道养兵则人民和睦,以德养兵则人民团结。和睦团结就能和谐,和谐就能一致,普遍和谐一致,那就谁也不能伤害了。

8. 上下不和,令乃不行。——旧题 春秋·管仲《管子·形势》

【浅译】

上下不和睦,命令就无法贯彻执行。

9. 上下不和,虽安必危。——旧题 春秋·管仲《管子·形势》

【浅译】

上下不和睦,虽然暂时安定,最终也必然危亡。

10. 万物负阴而抱阳,冲气以为和。——《道德经·第四十二

章》

【注释】

负阴而抱阳：背阴而向阳。冲：冲突交融。

【浅译】

世间万物背阴而向阳（或译世间万物包含着阴阳正负两个方面），阴阳二气互相冲突交融，而形成新的和谐体。

11. 终日号而不嗄，和之至也。知和曰常，知常曰明。——《道德经·第五十五章》

【注释】

嗄（shà）：嘶哑。河上公本作"哑"。和：和谐。常：指事物运行的规律，常道。明：明白，明智。

【浅译】

所以，（婴儿）整日啼哭而声音不沙哑，这是元气和谐至极的缘故。知道"和"叫作"常"，知道"常"叫作"明"。

12. 亲仁善邻，国之宝也。——《左传·隐公六年》

【浅译】

与仁者亲近，与邻邦友好，是国家的宝贝。

13. 有朋自远方来，不亦乐乎？——《论语·学而》

【浅译】

有志同道合的朋友从远方来，不也很快乐吗？

14. 礼之用，和为贵。——《论语·学而》

【浅译】

礼的运用，以和顺最为宝贵（或译以恰如其分、恰到好处最为可贵）。

15. 子曰："君子成人之美，不成人之恶，小人反是。"——《论语·颜渊》

【说明】

注译见第304页第5条。

16. 子曰："君子和而不同，小人同而不和。"——《论语·子路》

【浅译】

孔子说："君子与人和谐相处，却又保持自己的主见；小人容易苟同别人，却又不能与人和睦相处。"

17. 盖均无贫，和无寡，安无倾。——《论语·季氏》

【浅译】

财富平均，便没有贫穷的感觉（或译便不会觉得贫穷）；境内和谐，便没有人少的感觉（或译便不会觉得人少）；国家安定，便不会有倾覆的危险感。

18. 天时不如地利，地利不如人和。——《孟子·公孙丑下》

【注释】

天时：节令、气候、阴晴寒暑的变化。地利：地理的优势。人和：团结，得人心。

【浅译】

有利的自然气候不如有利的地势，有利的地势不如人心所向、上下和谐。

19. 天气不和，地气郁结，六气不调，四时不节。今我愿合六气之精以育群生，为之奈何？——《庄子·外篇·在宥》

【浅译】

天上的气不和谐,地上的气郁结了,阴、阳、风、雨、晦、明六气也不调和,四时变化也不合节令。如今我希望调和六气的精华来养育众生,对此该怎么办呢?

20. 上下不相知,则上非下,下怨上矣。——秦·吕不韦《吕氏春秋·似顺论·慎小》

【注释】

非:责怪,非难。

【浅译】

上下级之间互相不了解,则上级就会责怪下级,下级就会抱怨上级。

21. 是故治世之音安以乐,其政和;乱世之音怨以怒,其政乖;亡国之音哀以思,其民困。——《礼记·乐记》

【浅译】

所以太平盛世时的音乐充满安适与欢乐,那是因为它的政治清明和谐;乱世时的音乐充满怨恨与愤怒,那是因为它的政治背离正道;亡国时的音乐充满悲哀与愁思,那是因为它的老百姓处境困苦。

22. 君子和而不流。——《礼记·中庸》

【注释】

流:盲从。

【浅译】

君子为人和顺而又不盲从。

23. 千人同心,则得千人力;万人异心,则无一人之用。——西汉·刘安《淮南子·兵略训》

【注释】

千人力:千人的力量。日本古钞卷子本作"千人之力"。

【浅译】

千人同心,就能得到千人的力量;万人异心,则作用还不如一个人大。

24. 和气致祥,乖气致异。——西汉·刘向(东汉·班固《汉书·刘向传》)

【注释】

和气:和谐的气象。致:招致。祥:吉祥。乖气:不和谐的气象。

【浅译】

和谐的气象可致吉祥,不和谐的气象则招致灾祸。

25. 君子食和羹以平其气,听和声以平其志,纳和言以平其政,履和行以平其德。——东汉·荀悦《申鉴·杂言上》

【注释】

平:调和。

【浅译】

品德修养高尚的人食用五味调和的羹汤来调和自己的气血,听和美的音乐来调和自己的心情,采纳平和的言论来调和自己的政务,实行平和的举动来调和自己的德行。

(二)魏晋南北朝篇

26. 和气致祥,时雨洒沃。——三国·魏·曹植《魏德论讴·谷》

【浅译】

和谐之气可致吉祥,应时的雨水浇洒下来滋润大地。

27. 仁以厚下,俭以足用,和而不弛,宽而能断,故民咏维新,四海悦劝矣。——东晋·干宝(唐·房玄龄等《晋书·孝愍帝纪》)

【说明】

注译见第291页第17条。

28. 众力并,则万钧不足举也;群智用,则庶绩不足康也。——东晋·葛洪《抱朴子·外篇·务正》

【注释】

万钧:形容分量重或力量大。钧,古代重量单位之一,三十斤为一钧。庶绩:各种事业。康:治理。

【浅译】

众多的力量合在一起,那么再重的东西也不难举起;充分发挥众人的智慧,那么各项事业都不难治理。

29. 小利不争,小忿不发,可以和众。——南朝梁·傅昭《处世悬镜·止之卷三》

【说明】

注译见第308页第19条。

(三)隋唐五代宋辽金篇

30. 和以处众,宽以接下,恕以待人,君子人也。——北宋·林逋《省心录》

【浅译】

以平和的态度与众人相处,以宽厚的胸怀与下级交往,以宽恕的心态对待别人,这是君子的为人。

31. 和气能致祥,是日云蔽午。——北宋·梅尧臣《和人喜雨》

【说明】

此诗前两句为"仲冬至仲春,阴隔久不雨"。以"云蔽午"对应"祥",是因为乌云遮天,有雨将降于干旱而言是好事。

【浅译】

和谐的气象可致吉祥,这一天中午乌云遮了天空。

32. 所贵于舜者,为其能以孝和谐其亲。——北宋·司马光《瞽叟杀人》

【注释】

舜:上古部落联盟首领,以孝行闻名。

【浅译】

人们之所以觉得舜难能可贵,是因为他能用孝道使亲人之间和谐。

33. 万家和气贺初成,人在笙歌声里、暗生春。——北宋·陈师道《南柯子(贺彭舍人黄堂成)》

【说明】

陈师道,字履常,一字无己,号后山居士。徐州彭城(今江苏省徐州市)人。北宋时期大臣、文学家,"苏门六君子"之一,江西诗派重要作家。著有《后山居士文集》《后山诗话》等。

【注释】

笙歌:和笙之歌,此处泛指奏乐歌唱。

【浅译】

大家和睦融洽地祝贺着彭舍人新屋落成,人们在欢乐的歌声里陶醉荡漾。

(四)元明清篇

34. 言和而色夷。——明·宋濂《送东阳马生序》

【注释】

夷:平。

【浅译】

语气平和而面色和缓。

35. 和气迎人,平情应物。抗心希古,藏器待时。——清·王永彬《围炉夜话》

【注释】

抗心希古:心怀高亢,以古人相期许。藏器待时:怀才以待见用。器,才能。

【浅译】

以平和的态度与人交往,以平等的心态应对事物。以古人的高尚情操相期许,怀揣才能以等待被重用的时机。

36. 和为祥气,骄为衰气。——清·王永彬《围炉夜话》

【浅译】

平和是一种祥瑞之气,骄横是一种衰败之气。

37. 和平处事,勿矫俗以为高。——清·王永彬《围炉夜话》

【注释】

矫俗:故意违背习俗。矫,假托,此处指故意。

【浅译】

为人处世要心平气和，不要故意违背习俗，自命清高。

38.气性不和平，则文章事功，俱无足取；语言多矫饰，则人品心术，尽属可疑。——清·王永彬《围炉夜话》

【注释】

气性：气质和性情。文章事功：学问和事业。矫饰：过多修饰。

【浅译】

如果一个人不能平心静气地处世待人，那么他的学问和事业都不会有什么可取之处；如果一个人的言语虚伪不实，那么他的人品和心性，都值得人怀疑。

39.兄弟和，虽穷氓小户必兴；兄弟不和，虽世家宦族必败。——清·曾国藩《曾国藩全集·家书之一·禀父母》

【注释】

氓（méng）：百姓。

【浅译】

兄弟和睦，就算贫穷百姓小户人家也一定兴旺发达；兄弟不和睦，哪怕世家大族官宦之家也必定衰败。

40.夫家和则福自生。若一家之中，兄有言弟无不从，弟有请兄无不应。和气蒸蒸而家不兴者，未之有也。——清·曾国藩《曾国藩全集·家书之一·禀父母》

【注释】

蒸蒸：兴盛貌。

【浅译】

家庭和睦，则福气自然到来。如果一个家庭中，兄长有什么话，弟弟没有不听从的；弟弟有什么请求，兄长没有不答应的。家里和气无比，却不能兴盛，还从来没有过。

41.大凡一家人家过日子，总得要和和气气。从来说："家和万事兴。" ——清·吴趼人《二十年目睹之怪现状》第八十七回

【说明】

吴趼人，原名宝震，又名沃尧，字小允，号茧人，后改趼人，又称我佛山人。广东南海佛山（今佛山市）人。清末小说家，著有《二十年目睹之怪现状》《痛史》《九命奇冤》等。

【浅译】

一般情况下，一家人过日子，都要和和气气的。老话就说过："家庭和睦万事都能兴旺。"

第十章　勤　俭

"勤",字形最早可见于金文,如西周晚期散钟中的"[字形]集成260"、战国晚期中山王譽鼎中的"[字形]集成2840"等。篆文、隶书皆承袭从力堇声的金文字形,如"[字形]说文""[字形]张迁碑"。从"力"自然与力量有关,《说文解字》释为"劳也"。勤劳,是中华民族的优秀传统美德,从古至今,论"勤"的经典言说俯拾皆是。

首先,在人类发展的进程中,勤劳是人类生存和发展的重要条件,《左传·宣公十二年》有言曰"民生在勤,勤则不匮"。家喻户晓的"锄禾日当午,汗滴禾下土。谁知盘中餐,粒粒皆辛苦"(《悯农》),指出了人们赖以生存的"盘中餐""粒粒",都是靠农民"汗滴禾下土"的辛勤劳动换来的。而所谓"家之贫穷者,谋奔走以给衣食,衣食未必能充;何若自谋本业,知民生在勤,定当有济"(《围炉夜话》),则是教育人们:若想养家糊口、摆脱贫困,不能靠奔走投机,最好的办法是勤劳地干好自己的本业,只有懂得"知民生在勤"的道理,家庭才"定当有济",否则"衣食未必能充"。其次,就个人发展层面而言,勤劳是获得成功的必备条件之一。我国古语"天道酬勤",西方谚语"机会总是留给有准备的人"讲的都是这个道理。我国古代是农业社会,人们的进身和成功之路非常狭窄,最主要的途径就是读书做官，所以古代有关"勤"的言说多与刻苦学习有关（相关言论已收入《志学篇》）。如孔子"发愤忘食，乐以忘忧，不知老之将至"（《论语·述而》），学习起来常常忘记了吃饭、忘记了时间，晚年更是到了"读《易》，韦编三绝"（司马迁《史记·孔子世家》）的地步。孟子认为天降大任之人，必须经受"苦其心志，劳其筋骨"（《孟子·告子下》）的考验。对此，三国时期东吴的韦弘嗣亦做了进一步总结："历观古今功名之士，皆有积累殊异之迹，劳神苦体，契阔勤思。平居不惰其业，穷困不易其素。"（《博弈论》）成功之士的共同点就在于"劳神苦体""不惰其业"。东晋葛洪称"不惰者，众善之师也"（《抱朴子·外篇·广譬》），更是将勤劳视为人们一切美德的根源。唐代杜甫的"富贵必从勤苦得，男儿须读五车书"（《柏学士茅屋》）、北宋汪洙的"学问勤中得"（《神童诗》）、明代王守仁的"已立志为君子，自当从事于学"（《教条示龙场诸生·勤学》）等，都强调了若想有所作为必须勤苦读书的道理。最后，从社会和国家发展层面而言，勤劳才能富国，勤劳才能稳定统治。古人对此有着深刻的认知，《尚书·虞书·大禹谟》所说的"克勤于邦"、三国蜀汉诸葛亮的"鞠躬尽瘁，死而后已"（《后出师表》）、北宋欧阳修的"忧劳可以兴国"（《新五代史·伶官传序》）等，都揭示了这一道理。相对地，古人深刻地意识到懒惰且贪图安逸会误己误国，因而在倡导勤劳的同时，也往往会批评警示懒惰安逸的行为。所以管子说"人惰而侈则贫"（《管子·形势解》），道出了懒惰奢侈会导致贫困这一人生至理。如果说孟子的"一日暴之，十日寒之，未有能生者也"（《孟子·告子上》）意在强调做事不能持之以恒就难以成功的话，西汉韩婴的"祸生于懈惰"（《韩诗外传》卷八）则将懒惰提升到了祸患根源的高度；如果说唐代韩愈的"业精于勤，荒于嬉"（《进学解》）只是将懒惰局限在荒废个人学业领域，欧阳修的"逸豫可以亡身"（《新五代史·伶官传序》）则将安逸的危害扩大并上升到了政治和国家安定的层面。一分耕耘，一分收获。"勤"，是人类改变世界、创造未来的重要途径。古今中外，几乎每个成功人士的成长历程都是一部奋斗史。勤劳未必成功，但不勤劳必然不会成功。

"俭"，早期字形不见，秦简作"俭睡.封27"，《说文解字》释为"约也，从人佥（qiān）声"，义为约束、不放纵。段玉裁《说文解字注》称"古假险为俭"，并举"君子以俭德辟难"（《周易·否》）中"俭"或做"险"为例。查阅典籍发现，《左传·襄公二十九年》载"险而易行"，魏晋时的杜预注云："当为俭字之误也。"又《汉书·地理志》云"鲁地俗险啬"，"险"之义亦作"俭"。可知，古时经常将"险"假借为"俭"。《周易·否》所谓"君子以俭德辟难"，意思是说君子凭借自我约束的德行躲避灾祸。"俭"字约束之义后引申出节俭义。《韩非子·难二》曰："俭于财用，节于衣食。"

节俭，是一种美德，更是一种处世智慧。华夏自古重节俭，从典籍记载可以发现，先贤们深刻意识到节俭对个体发展、家庭生活乃至国家命运有着至关重要的影响力。对个人而言，"俭"是美德之大者——"俭，德之共也"（《左传·庄公二十四年》）；更是立身避难的必备素养，白居易云"奢者狼藉俭者安，一凶一吉在眼前"（《草茫茫》），司马光亦言"以俭立名，以侈自败"（《训俭示康》）。只有勤劳、节俭，才能过上富足的日子——"力而俭则富"（《管子·形势解》）、"强本而节用，则天不能贫"（《荀子·天论》）。反之，"侈而无节，则不可赡"（《汉书·严安传》）、"奢侈之费，甚于天灾"（《晋书·傅咸传》），奢侈浪费不仅于富足的生活有碍，更是比天灾更大的祸害。因此，在家庭教育中，节俭是家风家训的关键词。诸葛亮便将节俭作为传家之训，教育子女要"俭以养德"（《诫子书》）。后世又有"勤俭，治家之本"（《事林广记·前集》）、"以俭治家，则无求"（《劝忍百箴》）、"传家得勤俭意便佳"（《围炉夜话》）等，治家以俭成为传世的金玉良言。节俭不仅是家庭兴旺发达、家族绵延不绝的根本原则，更是社会发展、国家昌盛的有力保障。如，墨子会"俭节则昌，淫佚则亡"（《墨子·辞过》）、辛弃疾言"富国之术，不在乎聚敛而在惜费"（《九议》），将节俭视为富国之术；林逋云"用不节，财何以丰；民不苏，国何以安"（《省心录》），将厉行节俭视为国家兴亡的关键因素。在具体的施政措施方面，古人倡导有节制地开发与使用资源，以保障国家的长期富足。如陆贽提出"取之有度，用之有节，则常足"（《均节赋税恤百姓六条·其二请两税以布帛为额不计钱数》），司马光、海瑞、张居正等官员也都有类似观点。节俭并非悭吝，而是一种经济的、有效率的生活方式，应注意合理适度。管仲曾言"俭则伤事，侈则伤货"（《管子·乘马》），已然意识到过分节俭会误事，而过分铺张则会浪费资源。

  古人还主张将"俭"作为治"奢"的良方，如诸葛亮的"救奢以俭"（《便宜十六策·赏罚第十》）、郎𫖮的"救奢必于俭约"（《后汉书·郎𫖮传》）等。同时，古人也认识到，生活奢侈、贪图享乐是诱发官员腐败的主要原因，因此倡导以"俭"来培养官员的廉洁品格，如"惟俭可以助廉"（《宋史·范纯仁传》）、"俭可养廉"（《曾国荃集·镇平县余令禀批》）等。古人的这些劝世良言对今天的我们仍有着不可忽视的启示作用。

"人惰而侈则贫，力而俭则富"（《管子·形势解》），人若懒惰而浪费，再富有也会贫困；若勤劳而节俭，即使贫困也会渐渐富足。勤劳与节俭是我们中华民族的优良传统与文化基因，二者相辅相成，缺一不可。"不勤不俭，无以为人上也"（隋·王通《中说·关朗》），勤俭是关乎一个人成功与否的重要品质；"历览前贤国与家，成由勤俭破由奢"（唐·李商隐《咏史》）、"成家之道，曰俭与勤"（宋·林逋《省心录》），勤俭也是关乎家庭兴旺、国家繁盛的根本基础。中华文化重视利用厚生，反对奢侈浪费，无论国家发展到什么水平、人民生活改善到什么程度，勤俭这个中华民族弥足珍贵的"传家宝"都不能丢。

一、"勤"——业精于勤

（一）先秦两汉篇

1. 克勤于邦，克俭于家。——《尚书·虞书·大禹谟》

【注释】

克：能够。邦：古代诸侯封国之称。

【浅译】

能够辛勤地为国效力，能够节俭地操持家政。

2. 为者常成，行者常至。——旧题 春秋·晏婴《晏子春秋·内篇杂下第二十七》

【浅译】

坚持做事的人常常会成功，不断前行的人常常会到达目的地。

3. 民生在勤，勤则不匮。——《左传·宣公十二年》

【注释】

匮（kuì）：匮乏。

【浅译】

老百姓的生计在于辛勤劳作，辛勤劳作，财物才不会匮乏。

4. 发愤忘食，乐以忘忧，不知老之将至云尔。——《论语·述而》

【浅译】

发愤用功（学习）到连吃饭都忘记了，快乐得连忧愁也忘记了，不知道衰老将要到来，如此而已。

5. 虽有天下易生之物也，一日暴之，十日寒之，未有能生者也。——《孟子·告子上》

【说明】

成语"一暴（曝）十寒"出处。

【注释】

暴（pù）：同"曝"，晒。寒：冷，冻。

【浅译】

即使有天下最容易生长的植物，晒它一天，又冻它十天，就没有能够长大的。（比喻做事没有恒心，就不可能成功。）

6. 流水不腐，户枢不蝼，动也。——秦·吕不韦《吕氏春秋·季春纪·尽数》

【注释】

腐：腐臭。户枢（shū）：门轴。蝼：《意林》作"蠹"，指蛀蚀。

【浅译】

水因为不停地流动，才不会发臭；门轴因为经常转动，才不被虫蛀。（比喻经常运动才有旺盛的活力。）

7. 祸生于懈惰。——西汉·韩婴《韩诗外传》卷八

【浅译】

祸患生于懈怠和懒惰。

8. 孔子晚而喜《易》……读《易》，韦编三绝。——西汉·司马迁《史记·孔子世家》

【注释】

韦编：古代用竹简写书，用熟牛皮绳把竹简编连起来，叫"韦编"。韦，熟牛皮。三：多次。绝：断。

【浅译】

孔子晚年喜欢《周易》……翻来覆去地研读《周易》，竟然使编连竹简的绳子断了好多次。

9. 人生在勤，不索何获？——东汉·张衡《应闲》

【浅译】

人生在于勤奋，不去探索，又哪儿来的收获呢？

（二）魏晋南北朝篇

10. 冬者岁之余，夜者日之余，阴雨者时之余也。——三国·魏·董遇（西晋·陈寿《三国志·魏书·王肃传》裴松之注引《魏略》）

【浅译】

冬天是一年剩余的农闲时间，可以读书；夜晚是一天的剩余时间，可以读书；阴天下雨的日子是一年四时都会有的闲余时间，也可以读书。

11. 鞠躬尽力,死而后已。——三国·蜀·诸葛亮《后出师表》

【注释】

鞠躬:弯着身子,表示恭敬。躬,身。尽力:竭尽全力。已:停止。

【浅译】

恭敬地竭尽全力,一直到死为止。

12. 历观古今立功名之士,皆有累积殊异之迹,劳身苦体,契阔勤思。平居不堕其业,穷困不易其素。——三国·吴·韦曜(西晋·陈寿《三国志·吴书·韦曜传》)

【注释】

契阔:"契"是相聚,"阔"是分离,形容颠沛流离的辛苦,此处指辛苦。素:本性,此处指原先的志向。

【浅译】

纵观古往今来建立了功业赢得了名声的贤士,都积累了特异不凡的功绩,他们劳苦身体,在颠沛流离中辛勤思考。安居时不荒废事业,遭遇困境时也不改变原来的志向。

13. 不惰者,众善之师也。——东晋·葛洪《抱朴子·外篇·广譬》

【浅译】

勤奋不懒惰是一切善行的老师。

(三)隋唐五代宋辽金篇

14. 三更灯火五更鸡,正是男儿读书时。黑发不知勤学早,白首方悔读书迟。——唐·颜真卿《劝学》

【说明】

注译见第240页第64条。

15. 富贵必从勤苦得，男儿须读五车书。——唐·杜甫《柏学士茅屋》

【浅译】

自古以来荣华富贵必定从勤苦中得来，好男儿应当博览群书。

16. 业精于勤，荒于嬉。——唐·韩愈《进学解》

【浅译】

学业精进在于勤奋，学业荒废在于懒散。

17. 未尝一日去书不观。——唐·韩愈《唐故相权公墓碑》

【浅译】

不曾有一日抛开书本不去看的。

18. 锄禾日当午，汗滴禾下土。谁知盘中餐，粒粒皆辛苦。——唐·李绅《悯农》

【注释】

滴：滴落，掉落。

【浅译】

农夫在中午的炎炎烈日下锄禾，串串汗珠都掉落在禾苗下的土里。又有谁知道盘中的饭食，每一粒都是农民辛辛苦苦种出来的。

19. 历览前贤国与家，成由勤俭破由奢。——唐·李商隐《咏史》

【注释】

前贤：历史上有成就、有道德的人。破：一作"败"。破败义。奢（shē）：奢侈，奢靡。

【浅译】

纵观前代圣贤的治理,大到邦国,小到家庭,没有不是靠勤俭兴盛,因奢靡破亡的。

20. 忧劳可以兴国,逸豫可以亡身。——北宋·欧阳修《新五代史·伶官传》

【注释】

豫:懈怠。

【浅译】

忧虑辛劳可以振兴国家,安逸懈怠连自身也会败亡。

21. 然则君子之学也,其可一日而息乎。——北宋·欧阳修《杂说三首〈并序〉》

【注释】

然则:连词,表示"既然这样,那么……"。其:通"岂",难道。息:停息。

【浅译】

既然这样,那么君子做学问,难道可以有一天停下来吗?

22. 克勤小物最难。——北宋·程颢(北宋·程颢、程颐《二程集·遗书卷·师训》)

【说明】

南宋朱熹、吕祖谦《近思录·政事》载此言出自明道先生(程颢)。

【注释】

克:能够。

【浅译】

能勤勤恳恳地做一些小事最为难能可贵。

23. 学问勤中得，萤窗万卷书。三冬今足用，谁笑腹空虚。——北宋·汪洙《神童诗》

【说明】

汪洙，字德温。鄞县（今浙江省宁波市鄞州区）人。九岁能诗，号称汪神童。曾为府学教授，教授有方，声名远扬。著有《春秋训诂》。

【注释】

萤窗：晋人车胤，家贫无钱买灯油，就捕捉许多萤火虫放在丝囊中，供夜读时照明。后世便常以萤窗、萤案比喻刻苦读书。三冬：像三春、三秋一样，指三年，"三"常用来指"多"，意为多年。

【浅译】

学问都是从勤奋中获得，萤烛寒窗苦读万卷书。多年的学识足够今天使用，谁还敢笑话腹中空空？

24. 读书，起家之本；循理，保家之本；勤俭，治家之本；和顺，齐家之本。——南宋·陈元靓《事林广记·前集》

【注释】

齐家：一般解作"治家"，用的是"齐"字的"治理"之义。因本文上句已有了"治家"一词，故此处的"齐"字用的应该是其本义"整齐"，"齐家"就是使家人思想一致，同心协力。

【浅译】

读书是兴家的根本，懂理是保家的根本，勤俭是治家的根本，和顺是齐家的根本。

（四）元明清篇

25. 坐破寒毡，磨穿铁砚。——元·范康《竹叶舟》第一折

【说明】

范康,字子安,杭州人。生平不详。元朝时期剧作家、词人。有《竹叶舟》等杂剧。

【浅译】

(刻苦学习)把毡子都坐破,把铁铸的砚台都磨穿了。

26. 勤惰、俭奢,是成败关。——明·吕坤《呻吟语·修身》

【注释】

关:一说关口,一说关键。

【浅译】

勤劳与懒惰、节俭与奢侈,是成败的关键(或译成败的关口)。

27. 已立志为君子,自当从事于学。凡学之不勤,必其志之尚未笃也。——明·王守仁《教条示龙场诸生·勤学》

【浅译】

已经立志做一个君子,自然应当努力学习。凡是学习不勤奋的人,必定是他的志向还不够专一真诚。

28. 笃志力行,勤学好问。——明·王守仁《教条示龙场诸生·勤学》

【说明】

浅译见第245页第82条。

29. 家之贫穷者,谋奔走以给衣食,衣食未必能充;何若自谋本业,知民生在勤,定当有济。——清·王永彬《围炉夜话》

【注释】

济:帮助。

【浅译】

家中贫穷的人，想尽办法四处奔走来筹措衣食，衣食却未必获得充足。倒不如在本职工作上多加努力，知道民生的根本在于勤奋，一定会有帮助。

30. 善谋生者，但令长幼内外，勤修恒业，而不必富其家；善处事者，但就是非可否，审定章程，而不必利于己。——清·王永彬《围炉夜话》

【注释】

内外：家庭内外，"内"指女人，"外"指男人。一说指内亲、外亲。恒业：恒久稳定的事业。这里指本分之事。就：根据。章程：办事的规章和程序。

【浅译】

善于谋求生计的人，只需让家中的大人小孩、女人男人，每个人都勤恳地做好各自分内之事，而不一定非要为了使家中富裕而做事。善于处理事务的人，只是根据事情的是非对错、可行与否，制定一个办事的规矩，并不一定要为了有利于自己才去做。

31. 古之成大业者，多自克勤小物而来。——清·曾国藩《曾国藩全集·笔记二十七则·克勤小物》

【注释】

克：能够。

【浅译】

古代成就大事业的人，多是能够从勤勤恳恳做小事而来。

二、"俭"——俭以养德

（一）先秦两汉篇

1. 人惰而侈则贫，力而俭则富。——旧题 春秋·管仲《管子·形势解》

【注释】

侈（chǐ）：浪费。力：尽力，指勤劳。

【浅译】

人懒惰而又浪费，就会贫困；勤劳而又节俭，便能富足。

2. 知侈俭，则百用节矣。故俭则伤事，侈则伤货。——旧题 春秋·管仲《管子·乘马》

【注释】

节：适度。

【浅译】

懂得浪费与节俭的道理，则各项费用都能安排适度。所以（国家）用度过分节俭，就会误事；用度过分铺张，就会糟蹋货物。

3. 俭，德之共也；侈，恶之大也。——《左传·庄公二十四年》

【注释】

共（hóng）：通"洪"，大。

【浅译】

节俭，是美德中的大德；奢侈，是邪恶中的大恶。

4. 林放问礼之本。子曰："大哉问！礼，与其奢也，宁俭；丧，与其易也，宁戚。"——《论语·八佾》

【说明】

注译见第78页第15条。

5. 子曰:"管仲之器小哉!"或曰:"管仲俭乎?"曰:"管氏有三归,官事不摄,焉得俭?"——《论语·八佾》

【注释】

三归:三处府邸。另一解说是相传管仲有三处藏钱币的府库。摄:兼任。

【浅译】

孔子说:"管仲这个人的器量真是狭小呀!"有人说:"管仲节俭吗?"孔子说:"他有三处豪华的府邸,每处府邸一人一职而不兼任,怎么谈得上节俭呢?"

6. 子曰:"奢则不孙,俭则固。与其不孙也,宁固。"——《论语·述而》

【注释】

不孙:即为不顺,这里的意思是"越礼"。孙,同"逊",恭顺。固:简陋,鄙陋,这里是寒酸的意思。

【浅译】

孔子说:"奢侈了就会越礼,节俭了就会寒酸。与其越礼,宁可寒酸。"

7. 子曰:"麻冕,礼也;今也纯,俭,吾从众。"——《论语·子罕》

【说明】

注译见第82页第25条。

8. 俭节则昌,淫佚则亡。——《墨子·辞过》

【注释】

淫佚：嗜欲过度，放纵恣肆。

【浅译】

勤俭节约则会使国家昌盛，骄奢淫逸则会使国家灭亡。

9. 去无用之费，圣王之道，天下之大利也。——《墨子·节用上》

【注释】

去无用之费，圣王之道：一作"去无用之务，行圣王之道"。

【浅译】

除去无用的费用，是圣王之道，天下的大利呀。

10. 丧己于物，失性于俗者，谓之倒置之民。——《庄子·外篇·缮性》

【浅译】

为追求物欲而丧失自我，为趋从流俗而失去本性，就叫作本末倒置的人。

11. 身贵而愈恭，家富而愈俭，胜敌而愈戒。——战国·荀况《荀子·儒效》

【浅译】

身份高贵了却更加恭顺，家境富裕了却更加节俭，战胜了敌人却更加警惕防备。

12. 强本而节用，则天不能贫。——战国·荀况《荀子·天论》

【注释】

本：根本，指农业。

【浅译】

加强农业生产，节省用度，那么就是上天也不能使其贫困。

13. 侈而惰者贫，而力而俭者富。——战国·韩非《韩非子·显学》

【注释】

惰：一作"堕"。

【浅译】

奢侈又懒惰的人贫困，勤劳又节俭的人富有。

14. 绝嗜禁欲，所以除累；抑非损恶，所以禳过；贬酒阙色，所以无污；避嫌远疑，所以不误；博学切问，所以广知；高行微言，所以修身；恭俭谦约，所以自守。——旧题 秦末·黄石公《素书·求人之志》

【说明】

注译见第105页第22条。

15. 侈而无节，则不可赡。——西汉·严安（东汉·班固《汉书·严安传》）

【说明】

严安，字不详。西汉时临菑（今山东省淄博市）人。汉武帝文学侍臣之一。

【注释】

赡：富足，足够。

【浅译】

奢侈而没有节制，就不可能富足。

16. 何置田宅必居穷处，为家不治垣屋。曰："后世贤，师吾

俭;不贤,毋为势家所夺。"——西汉·司马迁《史记·萧相国世家》

【注释】

何:指萧何,西汉开国宰相。势家:有权势的人家。

【浅译】

萧何购置土地房屋总是选在偏僻的地方,建造住宅不修围墙。他说:"后代子孙如果贤能,就效法我的俭朴;如果没本事,(这些房屋)也不会被有权势的人家夺去。"

17. 秦穆公闲,问由余曰:"古者明王圣帝,得国失国当何以也?"由余曰:"臣闻之,当以俭得之,以奢失之。"——西汉·刘向《说苑·反质》

【注释】

秦穆公:春秋时期秦国国君,被《史记索隐》等书认定为春秋五霸之一。由余:春秋时期秦穆公的执政大臣,曾辅助秦穆公成就霸业。

【浅译】

秦穆公闲暇时问由余:"古时候圣明的帝王,得到国家、失去国家的原因是什么呢?"由余回答说:"我听说,因为恭俭得国,因为骄奢失国。"

18. 周公位尊愈卑,胜敌愈惧,家富愈俭,故周氏八百余年,此之谓也。——西汉·刘向《说苑·反质》

【浅译】

周公地位尊贵后却更加恭顺,战胜敌人后却更加警惕防备,家境富裕后却更加俭朴。因此周朝延续了八百年,正是这个原因。

19. 节用储蓄,以备凶灾。——东汉·刘炟(南朝宋·范晔

《后汉书·肃宗孝章帝纪》)

【注释】

凶：凶年，指灾荒年景。

【浅译】

节约用度，储蓄财物，用来防备灾害饥荒年景。

20.夫救奢必于俭约，拯薄无若敦厚。——东汉·郎𫖮（南朝宋·范晔《后汉书·郎𫖮传》）

【说明】

郎𫖮（yǐ），字雅光，北海安丘（今山东省安丘市）人。东汉经学家、占候家，能推阴阳、言灾异。通晓京房易学，精通群经。

【注释】

夫：句首发语词。薄：不厚道。敦厚：诚实忠厚。

【浅译】

挽救奢侈必须从俭省节约开始，拯救薄情寡义无过于推崇诚实忠厚。

21.是以贤人智士之于子孙也，厉之以志，弗厉以诈；劝之以正，弗劝以诈；示之以俭，弗示以奢；贻之以言，弗贻以财。——东汉·王符《潜夫论·遏利》

【注释】

厉：磨砺，这里指教育、勉励。诈：第一个"诈"，别本又作"辞"；第二个"诈"，别本又作"邪"。贻：遗留，留下。

【浅译】

所以，贤明的人和有识之士教育子孙，总是勉励他们立志，而不是勉励他们学会奸诈；劝导他们正直，而不是劝导他们奸诈；示范他们俭约,而不是示范他们奢侈;留给他们训言,而不是留给他们财产。

22. 山林不能给野火,江海不能灌漏卮。——东汉·王符《潜夫论·浮侈》

【注释】

给(jǐ):充足的供给。卮(zhī):古代一种盛酒器。

【浅译】

山林再大也禁不住野火的燃烧,江海之水再多也灌不满一个有漏洞的酒杯。(比喻奢侈浪费是无底洞。)

23. 侈恶之大,俭为共德。——东汉·曹操《度关山》

【注释】

共德:《左传·庄公二十四年》:"俭,德之共也;侈,恶之大也。"共,通"洪",大也。

【浅译】

奢侈是大恶,节俭则是大德。

(二)魏晋南北朝篇

24. 故防奸以政,救奢以俭。——三国·蜀·诸葛亮《便宜十六策·赏罚第十》

【浅译】

所以,用政令来防止奸人,用俭朴来挽救奢侈。

25. 夫君子之行,静以修身,俭以养德。非澹泊无以明志,非宁静无以致远。——三国·蜀·诸葛亮《诫子书》

【注释】

澹(dàn)泊:也写作"淡泊",指清心寡欲,淡泊功名利禄。致远：高瞻远瞩。致，达到。远，此指高尚的思想境界或远大目标。

【浅译】

君子的品行，是以静思反省来修养身心，以俭朴节约来培养自己的高尚品德。不清心寡欲就不能使自己的志向明确坚定，不安宁清静就不能达到远大的目标（或译就不能达到高远的境界）。

26. 故修身治国也，要莫大于节欲。传曰："欲不可纵。"历观有家有国，其得之也，莫不阶于俭约；其失之也，莫不由于奢侈。俭者节欲，奢者放情。放情者危，节欲者安。——三国·魏·桓范《政要论·节欲》（见于唐·魏徵等《群书治要》）

【注释】

传：指《礼记》，《礼记·曲礼上》："欲不可从，志不可满。"阶：原指阶梯，此处指凭借。

【浅译】

所以，修身治国，没有比节制欲望更重要的了。《礼记》上说："欲望不可放纵。"纵观有家有国的领导者，其取得成功，无一不是凭借勤俭节约；其导致失败，无一不是由于奢侈浪费。勤俭的人节制欲望，奢侈的人放纵情感。放纵情感的人危险，节制欲望的人平安。

27. 奢侈之费，甚于天灾。——西晋·傅咸（唐·房玄龄等《晋书·傅咸传》）

【说明】

傅咸，字长虞。北地泥阳（今陕西省铜川市耀州区）人。傅玄之子，为人正直无私。西晋文学家。

【浅译】

奢侈造成的耗损，比自然灾害还要严重。

28. 非天下之至德，孰能居丰行俭，在富能贫？——西晋·陆云《国起西园第表启宜遵节俭之制》

【浅译】

若非有天下最高的德行，谁能够在丰裕时奉行节俭，在富足时能过穷日子？

29. 过载者沈其舟，欲胜者杀其生。——西晋·葛洪《抱朴子·外篇·安贫》

【注释】

过载：超过载重量。沈：同"沉"。

【浅译】

超过了载重量就会沉船，欲望太强就会招致杀身之祸。

30. 仁以厚下，俭以足用，和而不弛，宽而能断，故民咏维新，四海悦劝矣。——东晋·干宝（唐·房玄龄等《晋书·孝愍帝纪》）

【说明】

注译见第291页第17条。

（三）隋唐五代宋辽金篇

31. 夫尚俭者开福之源，好奢者起贫之兆。——北魏·李彪（北齐·魏收《魏书·李彪传》）

【说明】

李彪，字道固。顿丘卫国（今河南省清丰县）人。北魏名臣。

【注释】

夫：句首发语词。

【浅译】

崇尚节俭能打开幸福的源泉，喜好奢侈是走向贫困的先兆。

32. 夫恭俭福之舆，傲侈祸之机。——北齐·崔冏（唐·李延寿《北史·崔冏传》）

【说明】

崔冏，字法峻。清河东武城（今河北省故城县）人。历仕北魏、北齐。

【注释】

夫：句首发语词。福之舆：福气的载体，指会带来福气。舆，车。祸之机：灾祸的关键。机，发箭装置，是发箭的关键。

【浅译】

恭敬俭朴会带来福气，傲慢奢侈会带来祸患。

33. 俭为德之恭，侈为恶之大。——北周·韦夐（唐·令狐德棻《周书·韦孝宽传》）

【说明】

韦夐（xiòng），字敬远。京兆杜陵（今陕西省西安市）人。性淡泊，无意仕进，北魏到北周时期处士，也是北魏至北周时名将韦孝宽的兄长。

【浅译】

勤俭是修养德行的必备态度，奢侈是恶行之中最严重的。

34. 不勤不俭，无以为人上也。——隋·王通《中说·关朗》

【浅译】

不懂得勤奋节俭，就不能出人头地。

35. 虽富巨万，服食粗弊。——唐·玄奘《大唐西域记》

【浅译】

虽然成了巨富,还是粗衣淡食。

36. 居安思危,戒奢以俭。——唐·魏徵《谏太宗十思疏》

【浅译】

在安逸的时候要想到可能有的危险,戒除奢侈而厉行节俭。

37. 且为主贪,必丧其国;为臣贪,必亡其身。——唐·吴兢《贞观政要·贪鄙》

【注释】

且:发语词,用在句首。

【浅译】

作为一国之主,如果贪婪,必然会丧失他的国家;作为臣子,如果贪婪,必会招致杀身之祸。

38. 夫地力之生物有大数,人力之成物有大限,取之有度,用之有节,则常足;取之无度,用之无节,则常不足。——唐·陆贽《均节赋税恤百姓六条·其二请两税以布帛为额不计钱数》

【说明】

陆贽,字敬舆。苏州嘉兴(今属浙江)人。唐朝著名政治家、文学家。著有《陆宣公翰苑集》。

【注释】

夫:句首发语词。大数:同"大限",指极限。

【浅译】

土地的生产能力是有极限的,人的生产能力也是有极限的,开发要有限度,使用要有节制,这样就会长久充足;开发无限度,使用无节制,就会日常不充足。

39. 不节则虽盈必竭，能节则虽虚必盈。——唐·陆贽《均节赋税恤百姓六条·其二请两税以布帛为额不计钱数》

【注释】

盈：满足，足够。虚：稀少。

【浅译】

不节约使用，则虽然资源充足也会枯竭；能节约使用，虽然资源稀少也必能满足。

40. 奢者狼藉俭者安，一凶一吉在眼前。——唐·白居易《草茫茫》

【注释】

狼藉（jí）：形容凌乱不堪。

【浅译】

奢侈的人落得狼狈不堪，节俭的人却安稳一生，一凶一吉就在眼前。

41. 奢者富不足，俭者贫有余；奢者心常贫，俭者心常富。——五代·谭峭《化书·俭化·天牧》

【说明】

谭峭，字景升。五代时泉州（今属福建）人。雅好黄老诸子及道书，遍历名山，修道炼丹。著有《化书》（相传此书为南唐大臣宋齐丘窃为己作，故又名《齐丘子》）。

【浅译】

奢侈的人挥霍无度，再富裕也不够用；节俭的人省吃俭用，虽然贫穷却还有剩余。奢侈的人贪得无厌，心里常常感到贫穷；节俭的人知足常乐，心里常常感到富有。

42. 用不节,财何以丰;民不苏,国何以安。——北宋·林逋《省心录》

【注释】

苏:苏息,指休养生息。

【浅译】

花费不节约,财富怎能丰厚?老百姓得不到休养生息,国家怎么安定?

43. 夫俭葬,古人之美节;侈葬,古人之恶名。——北宋·欧阳修《论葬荆王札子》

【注释】

夫:句首发语词。

【浅译】

节约办丧事是古人的好节操,奢侈办丧事给古人带来坏名声。

44. 下之用力者甚勤,上之用物者有节。民无遗力,国不过费。——北宋·欧阳修《原弊》

【注释】

下:指老百姓。上:指当政者。

【浅译】

在下面的老百姓出力很勤快,在上位的执政者开支有节制。老百姓不遗余力地劳动,国家没有过分的耗费。

45. 侈不可极,奢不可穷。极则有祸,穷则有凶。——北宋·邵雍《奢侈吟》

【注释】

极、穷:极点,顶点。

【浅译】

奢侈浪费不能太过分，太过分就会招来祸患和灾难。

46. 众人皆以奢靡为荣，吾心独以俭素为美。——北宋·司马光《训俭示康》

【浅译】

许多人都以奢侈浪费为荣耀，而我心中却独自认为节俭朴素是一种美德。

47. 由俭入奢易，由奢入俭难。——北宋·司马光《训俭示康》

【浅译】

从节俭变得奢侈很容易，从奢侈变得节俭则很困难。

48. 御孙曰："俭，德之共也；侈，恶之大也。"共，同也，言有德者皆由俭来也。夫俭则寡欲，君子寡欲，则不役于物，可以直道而行；小人寡欲，则能谨身节用，远罪丰家。故曰："俭，德之共也。"侈则多欲。君子多欲，则贪慕富贵，枉道速祸；小人多欲，则多求妄用，败家丧身。是以居官必贿，居乡必盗。故曰："侈，恶之大也。"——北宋·司马光《训俭示康》

【注释】

御孙：春秋时期鲁国大夫。君子、小人：此处是以地位称，不是以品德称，分别指当官的和老百姓。居乡：代指老百姓。

【浅译】

御孙说："节俭，是美德中的大德；奢侈，是邪恶中的大恶。""共"就是"同"，是说各种美德都是由节俭而来的。节俭就少贪欲，当官的少贪欲，就不为外物所役使，可以走正直的道路；老百姓少贪欲,就能约束自己,节约费用,避免犯罪,丰裕家庭。所以说:"节俭,是美德中的大德。"奢侈就会多贪欲。当官的多贪欲,就会贪慕富贵,不走正道,迅速招来祸患;老百姓多贪欲,就会多方营求,随意浪费,导致败家丧身。因此,做官必然贪赃受贿,做老百姓必然偷盗。所以说:"奢侈,是邪恶中的大恶。"

49. 以俭立名,以侈自败。——北宋·司马光《训俭示康》

【浅译】

因节俭而立下好名声,因奢侈而自招失败。

50. 霸祖孤身取二江,子孙多以百城降。豪华尽出成功后,逸乐安知与祸双?——北宋·王安石《金陵怀古四首》其一

【注释】

霸祖:指在金陵开创基业,取得霸权的历朝开国君主。孤身:形容开国君主白手起家,取得天下。二江:宋代江南东路和江南西路的简称,也是建都金陵诸国的主要统辖区域。

【浅译】

凡是取得二江建都金陵的开国之君,大都是白手起家,好不容易取得天下,而他们的子孙往往都会轻易地把国家政权断送。追求豪华生活都是在成功之后,哪知道亡国之祸总是和贪图安逸享乐连在一起的?

51. 惟俭可以助廉,惟恕可以成德。——北宋·范纯仁(元·脱脱等《宋史·范纯仁传》)

【浅译】

只有节俭可以帮助人廉洁奉公,只有宽容可以成就人的美德。

52. 天下之事,常成于困约,而败于奢靡。——南宋·陆游《陆放翁家训》(明·叶盛《水东日记》卷十五)

【注释】

困约：困顿，简约。

【浅译】

天下的事都是在困苦中发奋图强成功的，也都是在成功后奢侈淫靡中失败的。

53. 富国之术，不在乎聚敛，而在乎惜费。——南宋·辛弃疾《九议》其七

【注释】

惜费：爱惜而不浪费，指节俭。惜，爱惜，珍惜。费，损耗，耗费。

【浅译】

国家富强的方法，不在于聚敛财富而在于节俭。

（四）元明清篇

54. 以俭治身，则无忧；以俭治家，则无求。——元·许名奎《劝忍百箴》

【说明】

许名奎，又名许奎、许奎叙（自序中有"时至大三年良月吉旦，四明梓碧山人许名奎叙"，依据文法断句应理解为许奎，许名奎、许奎叙皆误），自号梓碧山人。元代四明（今属浙江省余姚市）人。著有《劝忍百箴》（或名《百忍箴》，陈继儒作《百忍箴》序，指出作者姓名是许奎）。

【浅译】

用节俭的品德来修身，就没有忧愁；用节俭的品德来治家，就没有过分的要求。

55. 节俭朴素，人之美德；奢侈华丽，人之大恶。——明·薛瑄《读书录》卷七

【浅译】

节俭朴素是人的美德，奢侈华丽是人的大恶。

56. 省而国有余用，民有盖藏，不知其几也。——明·海瑞《治安疏》

【注释】

余用：余财。盖藏：储藏。

【浅译】

节省，国家就有了余财，百姓也有了储藏，好处不知有多少啊。

57. 取之有制，用之有节，则裕；取之无制，用之不节，则乏。——明·张居正《论时政疏》

【浅译】

开发资源有所节制，日常用度有所约束，用度就会宽裕；开发资源没有节制，用的时候也没有约束，那么用度就会匮乏。

58. 常将有日思无日，莫待无时思有时。——明·冯梦龙《警世通言·桂员外途穷忏悔》

【浅译】

要常常在资产丰厚时考虑到一无所有的日子，不要等到一无所有后再来回想当初资产丰厚时的景况。（告诫人们要勤俭持家，防患于未然。）

59. 惜衣有衣，惜食有食。——明·冯梦龙《警世通言·王安石三难苏学士》

【浅译】

爱惜衣物就有衣服穿,爱惜粮食就有饭吃。

60. 一粥一饭,当思来处不易;半丝半缕,恒念物力维艰。——明末清初·朱用纯《朱子治家格言》

【说明】

朱用纯,字致一,号柏庐,明末清初著名理学家、教育家。《朱子治家格言》(又名《朱子家训》《朱柏庐治家格言》)是朱柏庐所著以家庭道德教育为主的启蒙教材。

【浅译】

即使是一碗粥一顿饭,也应当想到它来得不容易;即便是半根丝、半根线,也要经常想到劳作的艰辛。

61. 居身务期质朴,教子要有义方。——明末清初·朱用纯《朱子治家格言》

【注释】

居身:安身,立身处世。义方:行事应该遵守的规范和道理。义,符合正义或道德的规范。方,道理,常规。

【浅译】

立身处世务必力行朴实,教育子女一定要有道德准则。

62. 一丝一粒,我之名节;一厘一毫,民之脂膏。宽一分,民受赐不止一分;取一文,我为人不值一文。谁云交际之常?廉耻实伤。倘非不义之财,此物何来!——清·张伯行《禁止馈送檄》

【说明】

注译见第133页第59条。

63. 古人勤能补拙,俭可养廉。——清·曾国荃《曾国荃

集·镇平县余令禀批》

【说明】

曾国荃,字沅甫,号叔纯。湖南湘乡白杨坪(今属双峰)人。曾国藩的九弟,晚清名将,湘军主要将领之一,攻打太平军有功被赐号"伟勇巴图鲁"。

【浅译】

古人勤劳能弥补笨拙的不足,俭朴能培养廉洁的德操。

64. 门户之衰,总由于子孙之骄惰;风俗之坏,多起于富贵之奢淫。——清·王永彬《围炉夜话》

【注释】

淫:过分,过度。

【浅译】

门户的衰落,总是由于子孙的骄纵懒惰;风俗的败坏,多起于富贵之家的过分奢侈。

65. 处世以忠厚人为法,传家得勤俭意便佳。——清·王永彬《围炉夜话》

【浅译】

为人处世应当以忠实敦厚的人为效法对象,传给后代的只要能得到勤劳俭朴之意便好。

66. 衣禄原有定数,必节俭简省,乃可久延。——清·王永彬《围炉夜话》

【浅译】

人一生的衣食福禄本来有定数,一定要节约、俭朴、简略、减省,才能使福禄更长久。

67. 俭可养廉,觉茅舍竹篱,自饶清趣;静能生悟,即鸟啼花落,都是化机。——清·王永彬《围炉夜话》

【注释】

机:古代弩箭上的发射机关,指关键。

【浅译】

勤俭可以养成廉洁的品格,就算住在竹篱围绕的茅屋,也有它清雅的趣味;寂静中更能有所感悟,就算是鸟儿鸣啼、花开花落,也都是造化的关键。

68. 奢侈足以败家,悭吝亦足以败家。奢侈之败家,犹出常情,而悭吝之败家,必遭奇祸。——清·王永彬《围炉夜话》

【注释】

悭(qiān)吝(lìn):小气,抠门。两字同义,都是吝惜、舍不得。

【浅译】

奢侈浪费足以败坏家业,悭吝小气也足以败坏家业。奢侈败坏家业,还在常理之中,而吝啬导致的败家,必然是遭遇了出人意料的灾祸。

69. 人生不可安闲,有恒业,才足收放心;日用必须简省,杜奢端,即以昭俭德。——清·王永彬《围炉夜话》

【注释】

恒业:长久的事业。放心:放纵的心。端:开始。一作心绪,心性。

【浅译】

人活在世上不可安闲度日,有了长久的事业,才能收敛放纵的心意;日常花费必须简单节省,杜绝奢侈的念头,就可以让节俭的美德明亮。

70. 凡有用之物，不宜抛散也。——清·曾国藩《曾国藩全集·家书之一·致沅弟》

【浅译】

凡是有用的东西，不应该随意丢弃。

71. 俭则约，约则百善俱兴；侈则肆，肆则百恶俱纵。——清·金缨《格言联璧·持躬类》

【注释】

约：约束，节制。肆：放肆，任意妄为。纵：发起。

【浅译】

节俭就会有约束，有约束了则各种好事都会生出；奢侈就会放肆，放肆则各种坏事都会爆发。

72. 勤俭，治家之本。和顺，齐家之本。谨慎，保家之本。诗书，起家之本。忠孝，传家之本。——清·金缨《格言联璧·齐家类》

【浅译】

勤俭是治家的根本，和顺是齐家的根本，谨慎是保家的根本，诗书是兴家的根本，忠孝是传家的根本。

家藏文库书目（持续更新中）

大学　中庸
三国志选注译（上、中、下）
水经注
唐才子传
商君书
孔子家语
法言
随园食单
板桥杂记
抱朴子内篇
文中子中说
大唐西域记（上、下）
洛阳伽蓝记
地藏经　药师经
东坡志林
朱子读书法
武林旧事　附《增补武林旧事》
扬州画舫录（上、下）
徐霞客游记（上、下）
曾国藩家书
梁启超家书
郑板桥家书
古诗十九首　乐府诗选
阮籍诗选
嵇康诗文选

庾信选集
孟浩然诗选
李杜诗选（上、下）
韩愈诗选
柳宗元诗选
杜牧诗选
苏轼诗文选
黄庭坚诗选
陆游诗文选
王阳明诗文选（上、下）
花间集（上、下）
晏殊　晏几道词选
欧阳修词选
苏轼词选
秦观词
周邦彦词
姜夔词
豪放词
婉约词
历代抒情小赋选
先秦散文选
唐宋散文选
晚明散文选
古文辞类纂（上、下）
唐人小说选

牡丹亭　窦娥冤	儒林外史
西厢记　桃花扇	千家诗
喻世明言	帝鉴图说
警世通言	四字鉴略
醒世恒言（上、下）	声律启蒙　笠翁对韵
聊斋志异	重订增广贤文　名贤集
镜花缘	历代修身格言集萃